U0195075

本书得到“扬州城国家考古遗址公园”项目资助出版，特此致谢！

国家重要文化遗产地保护规划档案丛书

扬州城国家考古遗址公园

唐子城·宋宝城护城河

王学荣　武廷海　王刃馀　郭　湧　著

中国建筑工业出版社

丛书说明

人类文明的进程既是创造的过程，也是选择的过程。传承至今的历史文献所记载的内容，很大一部分是对人类选择过程之记录，所不同者是基于不同的时空、立场和动机，所记录内容和详略之差异。文化遗产的存与留、沿用与废弃、传承与消失等等，在某种程度上，也是人类发展过程中筛选的结果。文化遗产的保护与利用，在很大程度上，是今天的人基于特定认识而对历史遗存的一种筛选，用我们所熟悉的哲学用语来说就是“扬弃”。

保护文物，传承文明，古为今用。文物是文化遗产的物化形式，它所蕴含的不是简单的关于既往历史的残存的记忆，重要文物是承载、铭记并实证人类、国家和民族发展历程的物质凭据和精神家园，是不可再生的珍贵资源，我们有责任有义务对其保护和传承，尽可能减缓其消失的速度。2015年2月中旬，中共中央总书记、国家主席、中央军委主席习近平在陕西考察时讲到，“黄帝陵、兵马俑、延安宝塔、秦岭、华山等，是中华文明、中国革命、中华地理的精神标识和自然标识”；“要保护好文物，让人们通过文物承载的历史信息，记得起历史沧桑，看得见岁月留痕，留得住文化根脉”。[1]

文物的保护与传承具有阶段性特征，对文物价值的认知同样如此，并非一蹴而就，往往是渐进的过程。因此，在保护文物本体和优化环境的同时，保存、保护与文物保护及利用相关的决策资料同样尤为重要。以古文化遗址、古墓葬和古建筑等不可移动文物为例，依照《中华人民共和国文物保护法》，“根据它们的历史、艺术、科学价值，可以分别确定为全国重点文物保护单位，省级文物保护单位，市、县级文物保护单位”三个保护与管理层级。当前国家对于全国重点文物保护单位的保护管理主要分为“保护规划”和“保护工程方案”两个层级深度，部分遗址在建设国家考古遗址公园时，按要求须编制“国家考古遗址公园规划”，其中保护规划文本经文物主管部门国家文物局批复后，由省级人民政府公布并成为关于遗址保护与利用的法规性文件，规划时限一般为20年。无论遗址保护规划，还是公园规划或保护工程方案，既是特定阶段文物保护理论、方法与技术指导下的产物，又都是一定阶段关于遗址保护决策的基本依据。同时，这些文本还包含了特定时期关于遗址的大量基础信息资料，譬如地理与环境信息、文献资料、考古资料、影像资料和测绘资料等，是一定阶段关于遗址既往，尤其是当前各类信息资料的总汇，是珍贵的档案文献。

传承是保护的重要形式，文物保护所传承的不仅仅是文物，还应包括保护文物的理念、技术与方法。在某种意义上讲，文物保护就像医生治病一样，需综合运用理论、方法与技术，具体问题具体分析，对症下药。前述“保护规划、公园规划和保护工程方案”既是综合性研究成果，更是十分珍贵的文物保护案例。在符合国家保密规定的前提下，通过恰当的方式，将这些珍贵的文物保护个案资料对全社会进行公开，与全社会共享文物保护的经验（理念、方法与技术）与成果，同时接受更广泛的监督与检验，尤其可供更多更大范围的人员研究和参考，势必对进一步改进文物保护工作和提升文物保护水平大有益处。

本丛书拟以全国重点文物保护单位为基本对象，特别选择进入国家重要大遗址保护项目名录的遗址单位，对其保护规划、国家考古遗址公园规划或保护工程方案进行整理出版，以促进文化遗产的保护与传承。

[1] 转引自《不断促进实践创新　努力传承中华文化——用习总书记讲话精神推动陕西文化事业发展》，见《中国文物报》2015.03.04。

前　言

2012年《唐子城·宋宝城城垣及护城河保护与展示概念性设计方案》得到国家文物局批复（文物保函[2012]1291号）。该"方案"对扬州"蜀岗上古城址"的形态和变迁等进行了比较系统的研究，提出了不少新的推论，尤其对南宋时期"蜀岗上古城址"三次重要变迁过程及其形态、布局和结构进行了初步判断。截至2013年底[1]，结合最新考古勘探成果和考古发掘研究，之前处于推断阶段的南宋时期古城址形态和遗存构成部分得到证实。

"唐子城·宋宝城护城河保护展示工程设计方案"（下称"本项目"或"本方案"）是扬州"蜀岗上古城"保护展示体系的重要组成部分，以护城河遗址为重点角度，基于"2012年《方案》"展开，是对该"2012年《方案》"设计体系实施和深化的具体措施之一。

作为"2012年《方案》"实施过程的第一期，本项目工程任务以最新考古成果为基础，在夯土城墙本体安全保护的前提下，初步界定护城河遗址的可能边界；通过对护城河的疏浚治理，并配套实施相关的旅游、景观、交通等工程，进一步挖掘和展示护城河遗址的景观资源，打造文化和旅游亮点。

本书回顾当时构思、考古、踏勘和设计的历程，把具有价值的成果和过程加以总结，用五章的内容加以体现。

本书"第一章"为"勘察报告"，主要包括"概况"、"价值评估"、"现状评估"和"勘察结论及对策"四个方面。"本项目"设计的首要问题，也是难点之一，是对于"蜀岗上古城址"护城河形态变迁过程的认识。一定程度上，该护城河遗址可以被看作是活态的遗产。尽管古城在南宋末至元初或已废弃，但护城河河道在后来的历史阶段中却一直发挥着阻隔作用，并且承担了一部分区域性重要水系的功能。当前所谓护城河河道（准确讲应称之为"水面"或城壕河道）的形态大多已与历史上的护城河形态有所出入。1973年拍摄的航片显示护城河河道淤塞已十分严重，河道水面仅剩下中线附近很窄部分；并且这几十年来随着农田及水利建设的开展，护城河故道用地形式、水面形态和规模等已随之发生了显著变化。根据上述情况可知，对该护城河遗址的保护与展示在思路上应从当前城壕河道与古城墙遗存的关系入手：首先，当前城壕驳岸与历史上的护城河遗迹有别，历史上的护城河遗址基本上位于当前城壕河道水面的下方；其次，当前城壕水面岸边与残存城墙夯土边缘已经十分接近，甚至在部分地段已经部分侵蚀了城墙本体。现存城壕河道与城墙本体的位置关系会对护城河遗址保护与疏浚工程构成限制：第一，面临的是城墙本体保护问题；第二，所谓护城河展示实则是在历史原有空间中，通过改造现有城壕河道，对历史上的护城河河道进行模拟再现。故此，须综合各种信息，以确定城墙本体保护红线，以此作为护城河保护疏浚工程必须遵守的边界，当然这也是城墙本体保护的最低要求。

本书"第二章"为"遗址保护展示方案"。"本项目"设计的第二个难点是护城河展示与景观环境营造。鉴于项目设计的空间仅仅是狭长的城壕河道地带，多数地段水面岸线临近城墙本体或其倒塌形成的土垄，其间缺乏相应的设计施展和调节空间，自然背景相对单调，故景观设计面临着环境相对单一等制约；同时，受地面高低起伏影响，虽然当前城壕河道水面高程不一，多数地段常水位分别为▽16米和▽15米左右[2]，甚至相当部分地段水位高程为▽18米，水体彼此隔离，然又有水系贯通和游览通船的需求，因此，破解问题的焦点自然落在

[1] 该"方案"后经过完善和订正，于2015年以《扬州城国家考古遗址公园——唐子城·宋宝城城垣及护城河保护展示总则》（"国家重要文化遗产地保护规划档案丛书"之一）命名并正式出版发行（中国建筑工业出版社，2015）。本书后面提及"2012年《唐子城·宋宝城城垣及护城河保护与展示概念性设计方案》"及《扬州城国家考古遗址公园——唐子城·宋宝城城垣及护城河保护展示总则》，则分别简称为"2012年《方案》"和"2015年《总则》"。

[2] "本方案"采用海拔高程，正文中在高程数据前标"▽"者，皆为废黄河高程，其他为海拔高程，下文同。废黄河高程系基准与1985年国家高程基准（即海拔高程基）准相比，高出0.19米。

寻找合理水位高程上。通过对当前古城址地面高程水面淹没模拟实验分析，发现即使是在当前条件下，以 13 米高程水位来进行淹没实验，古城址内东部部分区域和城外东侧及北侧区域淹没范围均在允许范围内，而 14 米高程水位则不可。鉴于城址历史使用时期地面低于现地面，如最新考古发掘显示宋宝城北城墙中部水关东侧，汉代文化堆积层下的地面高程约为海拔 13.3 米（换算为废黄河高程约▽ 13.5 米）。故此，我们判断历史上蜀岗上古城址护城河水位应不高于海拔 13 米。同时，调查发现，现城壕河道水域底部大部分不低于▽ 14 米。若以海拔 13 米高程作为常规水位，可较大程度地解决日后游览通船问题。进而，又从另一个侧面证实选择将城壕河道疏浚后常水位高程确定为海拔 13 米高程比较合理。以海拔 13 米高程作为疏浚后城壕河道的常水位，使得目前大部分水面底部高出水面，水退岸进，既解除了当前水面对城墙本体的侵蚀隐患，又为进行河谷地带的景观设计营造争取到了难得的空间。

“本项目”设计的第三个难点是城门与瓮城地带的桥涵问题之解决。本方案涉及的城门遗址有四个（分别为宋宝城西城门、北城门、东城门、东南城门）和相关城门外的瓮城。然除东城门外，其他城门遗址地带皆有现状干线公路穿越城门遗址豁口及其外侧对应的城壕河道，且穿越瓮城外的月河。同时，这些关键性地带又都没有进行过有针对性的考古工作。经多方权衡比较与沟通，鉴于对历史上的城门、桥梁、瓮城等缺乏科学资料支撑，加之现状干线公路改造规划滞后，故本方案建议暂保持现状，对相关遗存尽可能减少干预，未来根据考古发掘成果进行专项设计。“本项目”涉及区域应至少涉及 2 处水关遗址，分别位于宋宝城北城墙中部和宋宝城北城门瓮城以北，残存唐子城北城墙东段之西端，因缺乏相应考古工作，未来根据考古发掘成果进行专项设计。

在“本项目”所进行的护城河保护疏浚与景观设计对象中，不包括城墙本体和城门及瓮城遗址。这不能不说是个遗憾；但是，在设计构思中对护城河水体的保护疏浚和展示设计，始终置于城墙与护城河为一体的统筹谋划中。鉴于还有后续设计工作，本方案暂不涉及景区部分设施，如出入口设置和设计、电信设施配套、服务设施设计等。

本书“第三章”为保护与展示工程方案的图则——包括保护对象本体研究、保存状况评估、保护措施、展示方案等具体内容。

本书“第四章”为“文本说明”，主要记录城壕河道现状及其景观的情况。随着城壕河道的环境整治、河道疏浚和展示设计的落实，一个全新的景观形象必将呈现。当前的面貌对于未来而言也将成为历史，一定程度也有记录传承的必要。故此，本书“文本说明”中，采取“现状调查详表”和“视域结构分析及视点索引”两种记录的方式，对城壕河道现状及其景观进行了系统和详细的记录，既作为本方案的设计基础，又希冀成为一份珍贵的档案资料。

如果说瘦西湖是古城扬州的“形象大使”，那么，“蜀岗上古城址”城墙和护城河的保护展示，则更像是给“大使”安装上了翅膀，“大使”变成了会飞的“天使”，会行进得更高更远。从这个角度看，“本项目”的景观设计尚处于概念阶段，在实现的过程中还需要从公园设计角度进行更加综合的权衡和更加细致的雕琢。我们由衷地希望蜀岗上古城址的保护与展示工作在未来能够得到来自社会各界的关心与呵护。

由于涉及范围较大，以致设计图无法清晰表现，与河道设计相关细节，拟在施工设计阶段进行图纸交底对接。此外，本书所涉及的基础资料，皆以截至 2013 年 5 月调查期为时限。

王学荣　武廷海　王刃馀　郭湧

2016 年 9 月

目　录

丛书说明

前言

第一章　勘察报告 001

1.1 概况 002

地理范围 002

地物发育过程判定及城壕遗存的结构本质辨析 003

遗址概况与城壕空间结构 005

1.2 价值评估 010

历史价值 010

艺术价值 010

科学价值 011

1.3 现状评估 012

研究与认知状况评估 012

真实性、完整性评估 012

遗址残损评估 012

遗址稳定性评估 014

遗址环境评估 014

风险评估 014

1.4 勘察结论及对策 015

城垣、堧、城壕的结构界限及“随物赋形”方法的选择 015

水位引发村落危险问题 020

西瓮城以南区域高程差异问题 020

子城北城壕形态问题 020

景观视野单调的问题 020

水陆交通衔接与便捷问题 021

护坡特殊需求和材料问题 021

居民生活与排水设施问题 021

工作进度与考古工作先行问题 022

拆迁与视野问题 022

第二章　遗址保护展示方案 023

2.1 工程概况 024

2.2 工程总体设计 025

设计依据 025

设计目的 025

设计原则 026

设计总体说明 027

2.3 环境整治工程 031

工程内容 031

工程措施 031

2.4 保护工程 033

护城河疏浚保护工程 033

护城河水位保持工程 039

2.5 展示工程 040

展示总体设计 040

主要展示节点设计 041

驳岸工程设计 042

道路工程设计 043

排水工程设计 043

安全防护工程设计 044

绿化设计 044

亮化工程设计 045

游览服务设施设计 045

电力通信设施设计 045

第三章 图则 047

1. 环城八景意象图 048
2. 西北城角及城壕鸟瞰意象图 049
3. 扬州市城市中心城区土地利用规划图（2012—2020 年） 050
4. 扬州城遗址平面图及航空影像 051
5. 唐子城・宋宝城及周边历史水系复原示意图 052
6. 唐子城・宋宝城及周边水系现状示意图 052
7. 蜀岗上城址卫星影像 053
8. 由蜀岗中峰栖灵塔西瞰平山堂城及蜀岗西峰 054
9. 全景图 – 平山堂北 054
10. 全景图—平山堂东北 055
11. 全景图—平山堂南 055
12. 全景图—西城墙外侧护城河 056
13. 北城墙西段及护城河 056
14. 唐子城北城墙东段及护城河 056
15. 城墙与护城河编号系统——“三点五墙五水” 057
16. 蜀岗上城址护城河土地利用现状评估图 058
17. 环境整治项目图 059
18. 现状河道横断面位置索引图 060
19. 现状河道横断面图 060
20. 扬州蜀岗上古城考古勘探遗迹合成图 066
21. 蜀岗城址考古发掘探沟位置分布示意图 067
22. 蜀岗上城址卫星影像——唐子城平面示意图 068
23. 蜀岗上城址卫星影像——南宋时期平面示意图 069
24. 蜀岗上城址现状地形三维模型 070
25. 蜀岗上古城址水位淹没分析图 071
26. 城墙夯土、现水面岸线和保护红线位置关系图 072
27. 蜀岗上古城址城墙本体保护红线位置图 073
28. 护城河遗址保护工程总平面图 074
29. 护城河遗址保护工程分区平面图 1 075
30. 护城河遗址保护工程分区平面图 2 076
31. 护城河遗址保护工程分区平面图 3 077
32. 护城河遗址保护工程分区平面图 4 078
33. 护城河遗址保护工程分区平面图 5 079
34. 护城河疏浚工程设计图 080
35. 参考桩号分布图 081
36. 现状河道宽度分析图 082
37. 护城河疏浚工程水位高程设计图 083
38. 保护红线与城墙夯土位置关系图 084
39. 保护红线与设计驳岸位置关系图 085
40. 设计驳岸线与常水位线水平位置关系图 086
41. 驳岸位置工程设计图 087
42. 河底位置工程设计图 088
43. 常水位水面范围设计图 089

44. 设计驳岸与现状驳岸位置关系示意图 090
45. 护城河保护第一期工程与周边水系关系示意图 091
46. 驳岸工程设计图 092
47. 驳岸设计一、二 093
48. 驳岸设计三、四 094
49. 驳岸设计五 095
50. 石砌挡土墙及河岸坡脚砌护做法示意图 095
51. 观景平台亲水驳岸做法示意图 095
52. 西门码头节点设计图 096
53. 西河湾菱潭码头节点设计图 097
54. 角楼西北亲水平台示意图 097
55. 东门码头节点设计图 098
56. 长阜码头节点设计图 098
57. 北门码头节点设计图 099
58. 生态湿地景观设计意向图 100
59. 游览设施规划图 101

第四章 文本说明 103

4.1 保护规划相关内容 104
4.2 城墙护城河展示方案相关内容 106
4.3 现状调研详表 108
子段城壕 108
丑段城壕 112
寅段城壕 125
卯段城壕 133
4.4 视域结构分析及视点索引 136
4.5 视域结构分析结果 138
A 系列视点：子城北墙外侧视域走廊 144
B 系列视点：宝城西墙外侧 147
C 系列视点：西瓮城至丁 A 外侧 152
D 系列视点：宝城北墙外侧 155
E 系列视点：宝城东侧 168
参考文献 173
后记 174

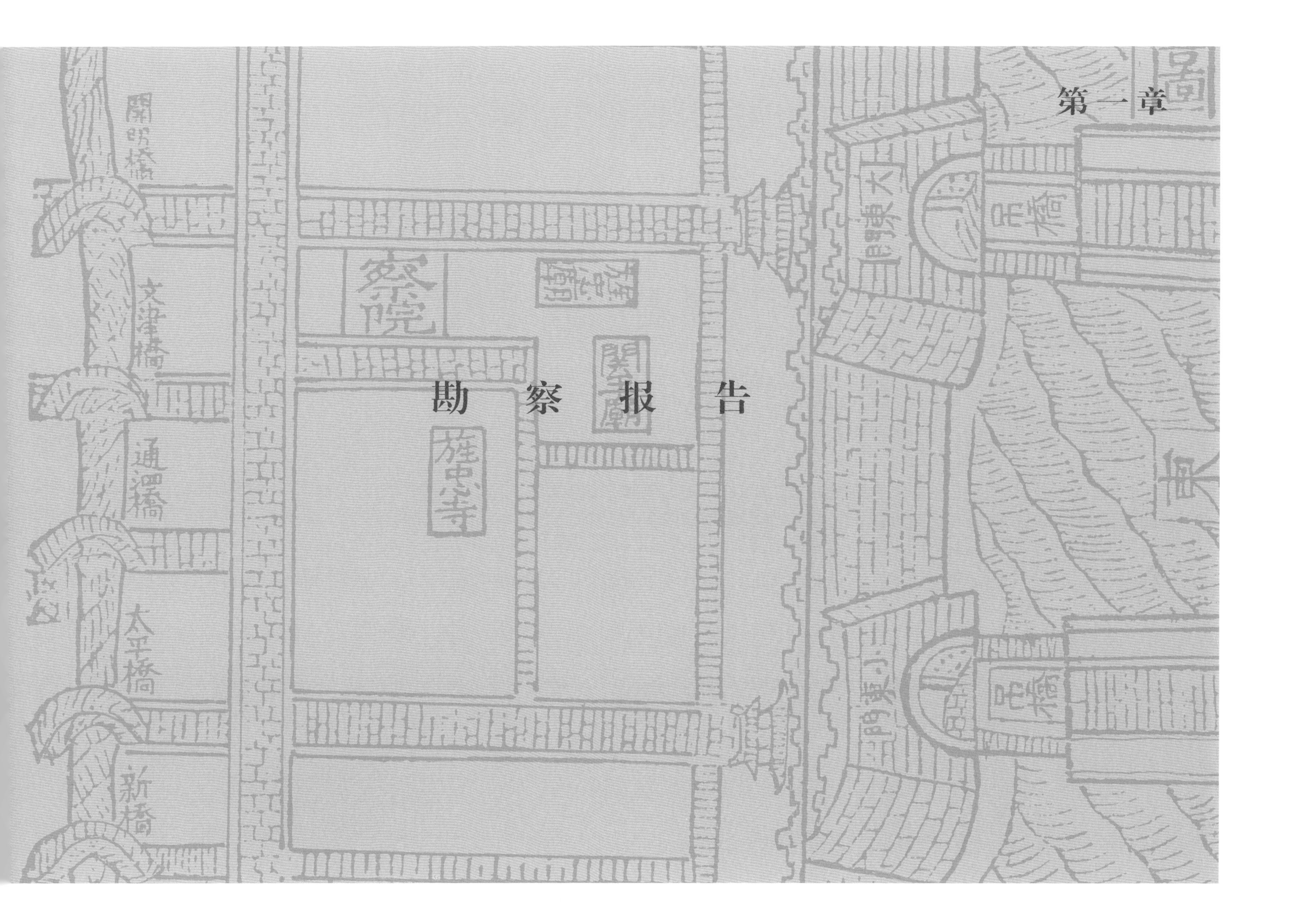

第一章

勘察报告

1.1 概况

地理范围

据自1963年以来所获得的唐子城调研材料：子城南界为沿蜀岗南缘，起自观音山，向东延至铁佛寺东北小茅山一线；西界起自观音山，北抵西河湾北一带；北界起自西河湾北，东向经李庄北、尹家桥南至江家山坎一线；东界始自江家山坎，南向经茅山公墓，达铁佛寺东北小茅山一线。城址周长约7.85千米，面积2.6平方千米。宋代宝祐城的形态演化范围则在2012年才最终得以确认。2012年中国社会科学院考古研究所、清华大学建筑学院完成《扬州唐子城·宋宝城城垣及护城河保护与展示方案》（简称“2012年《方案》”）根据“总规”要求和实际遗址分布状况将外围控制范围调整为：南至蜀岗下平山堂东路，东至友谊路，北达江平东路（站前路南），西抵扬子江路。经此调整，最大限度地将南宋晚期成型的宝祐城城垣外人为构筑物“大土垄”、其外侧的“城壕”类设施以及位于城址西北的历史水域“小新塘”等纳入遗址保护范围之中，并将平山堂城、西瓮城之间的关联地带确认为遗址的重要组成部分。此范围即本次城壕保护和展示方案的实际勘察范围，在此范围内对所有包裹城垣的城壕系统进行留存状况勘察。自然地理分布及城市区位特征等因素可参见《扬州城国家考古遗址公园——唐子城·宋宝城城垣及护城河保护展示总则》（第一章），兹不赘述。

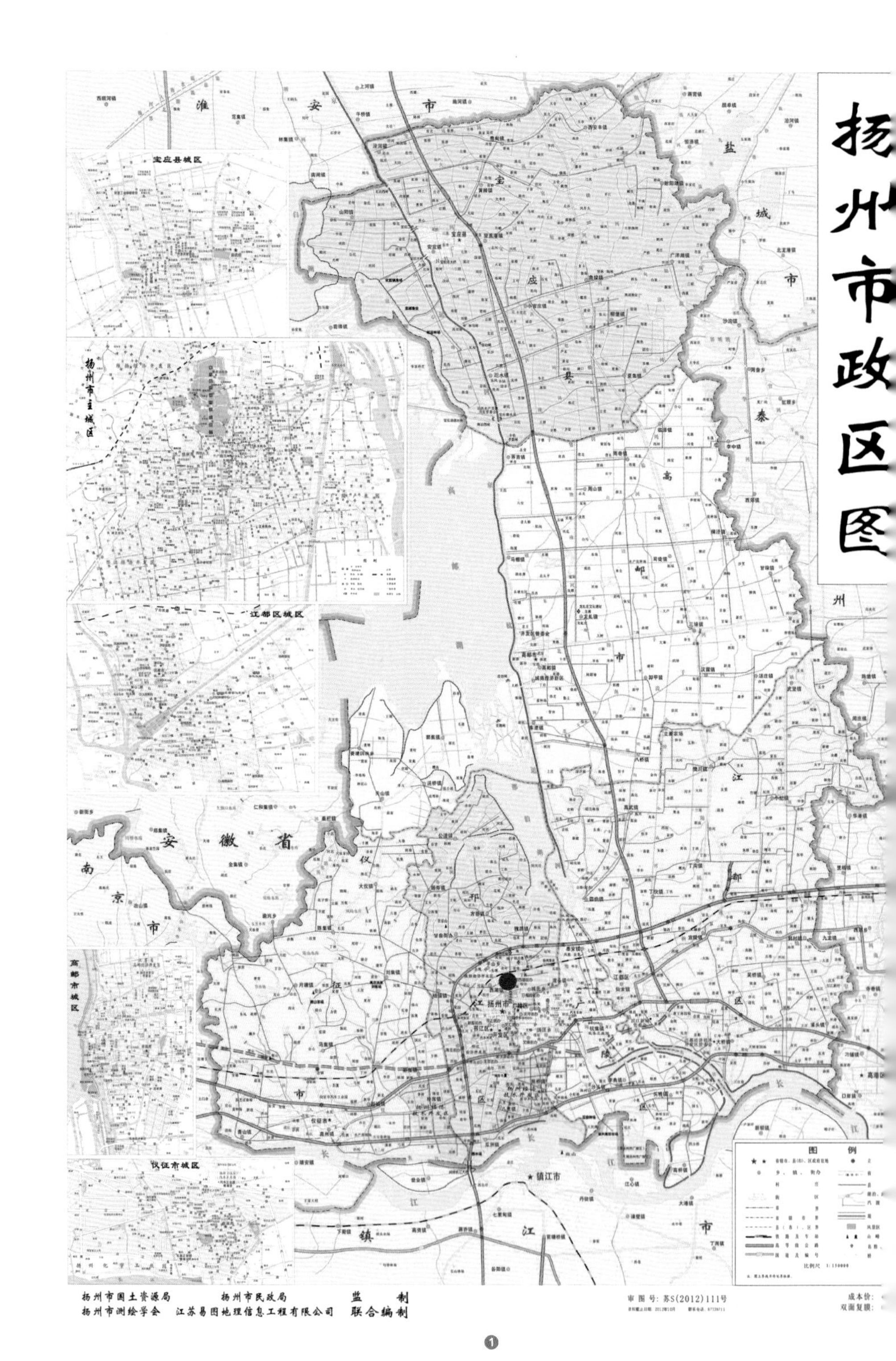

❶ 蜀岗上古城址在扬州市的位置

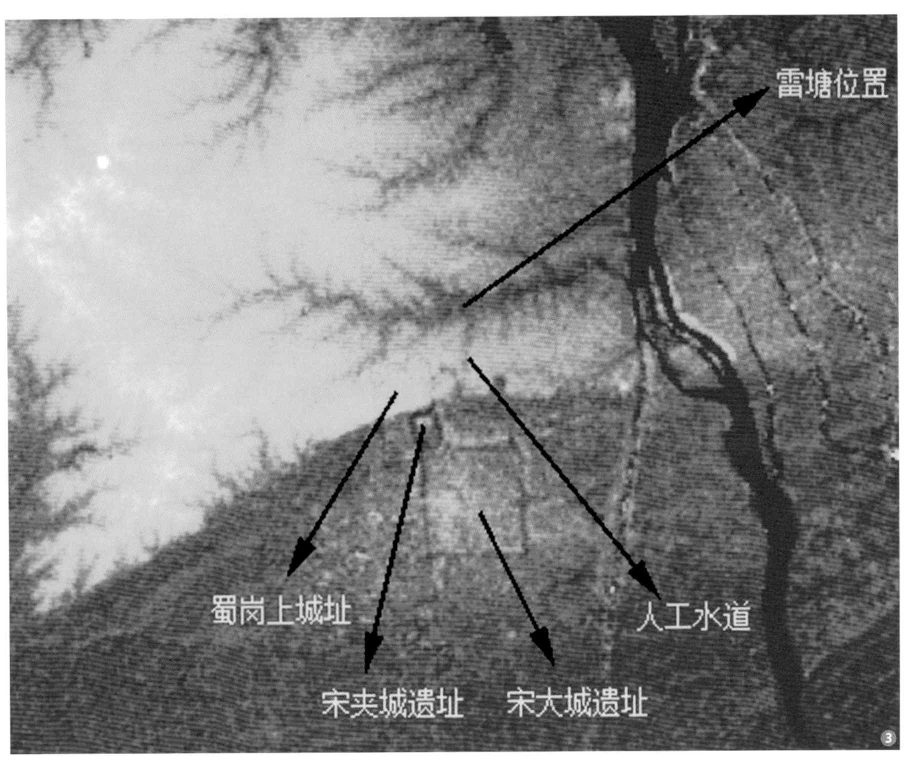

地物发育过程判定及城壕遗存的结构本质辨析

扬州古代城址人居过程系自蜀岗由上而下，水退人进，顺蜀岗余势，渐成岗上、岗下两个境界。但蜀岗上下（即“三峰一线”北和南）区位是该地区重要的文物富集区位。“本系列规划保护与展示方案”所涉及遗址应被准确界定为“蜀岗上多时期古城址”。

围绕“蜀岗上各阶段城址”而出现的用地类型（自春秋至现代），包括交通与军事要塞、地方性中心城市、封地、都城、衙署、聚落与耕地等大类；从主体功能发挥方面看，蜀岗上城址演变历程中，总体上偏于军政性质，长期处于南北拉锯对峙的焦点上（邗城、广陵、宝祐城），至南宋晚期，蜀岗上古城达到军用建设的顶峰（城体构造完全军事化，东墙营造，空间闭合，衍生出羊马城、土垄、多重墙体、多重城壕等特殊防御系统），与岗下唐宋以来商贸民居类城市用地形态迥异，岗上区域具备一定的地理特质（地势相对高亢及与人工渠道的渊源关系等）。“蜀岗上多时期古城址”始终沿袭了源头上的区位战略特性，也可以说，这个特性是蜀岗上区域在历史时期用地过程得以持续发生的内驱力。隋（帝都级别）唐（淮南道首府）于蜀岗上的用地形态，在整个蜀岗用地沿革中具有极特殊的地位，是堡砦类用途之外的变数，但却都与承继这一地区自古而然的区位重要性相关。

城壕与城垣为相互伴生的防御构造，其变化具有互动性和依存性。整体上，现存的蜀岗上古城址的大格局，定格在了南宋末期的形态，所反映的是南宋末年宋蒙交兵时的主体面貌，即深沟高垒、多重设防的格局。此格局（结构）完整性的最佳证明，即是现存墙体、土垄、城壕在相对位置和体量两方面的匹配状况。

南宋之后（即主体功能终止之后）的全部用地过程，均属于“遗址化”过程。据考古资料，能够确证的事实是，至迟在明代，蜀岗上就已沦为主体城市的外围郊野。至清代如《扬州画舫录》所载名胜基

❷ 蜀岗区域地理形态模型

❸ 扬州区域地理形态模型

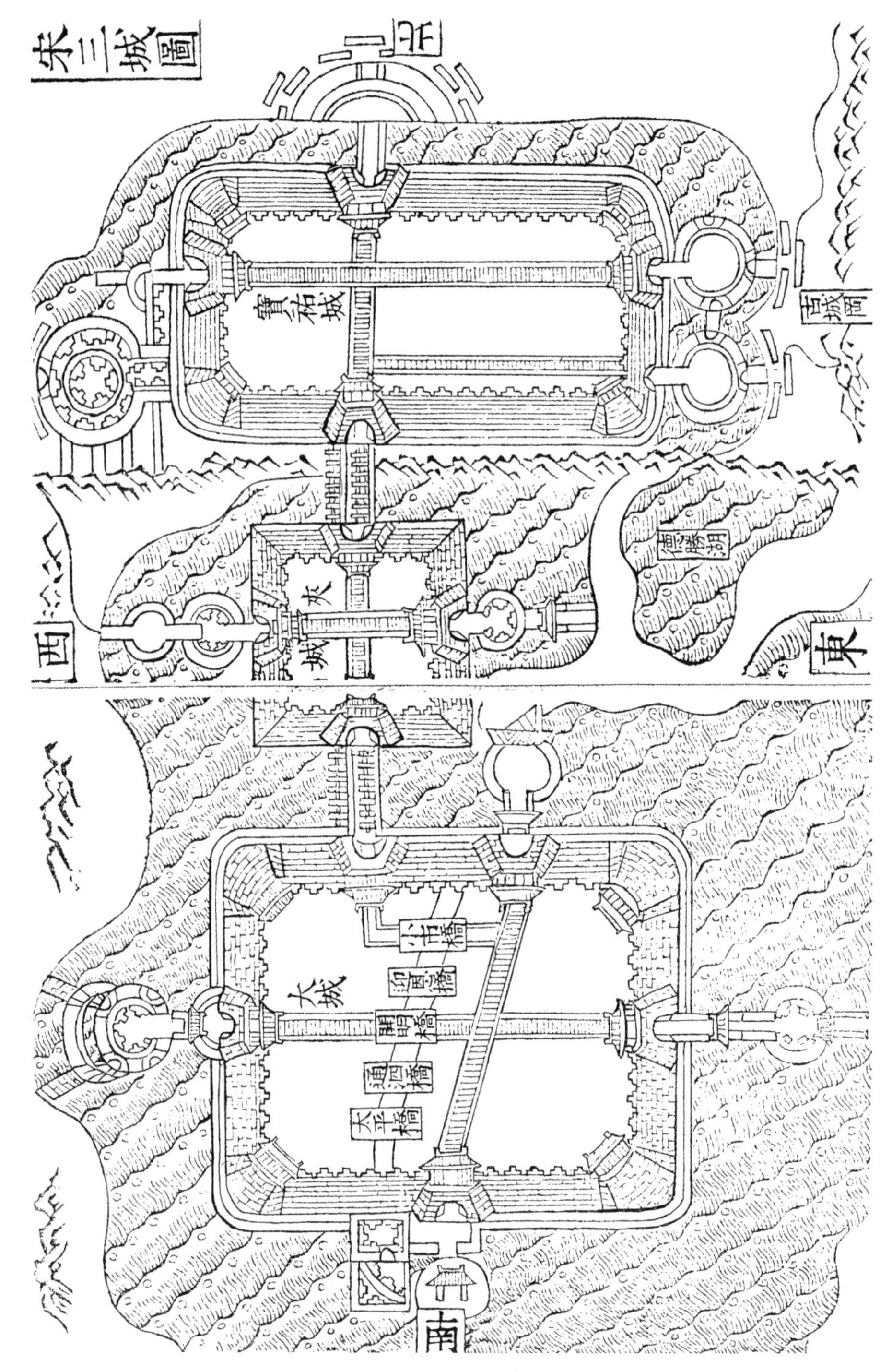

❶《嘉靖惟扬志》卷首附《宋三城图》

本都在蜀岗南缘以下，即便提及岗上也是北望蜀岗作为都市背景。至近现代，蜀岗上逐渐聚集了较多的村落，用地切割多以村落（小组）居住、农用、丧葬等为主；也包括对旧有城壕的改造，如在原位进行清淤和堤岸培护以构造鱼塘、藕塘、麦田、稻田、水芹塘等。具体城壕位置上的此类用地，至少可以追溯至20世纪70年代以前（现存最早可资证明的航片即为20世纪70年代拍摄；原则上，在蜀岗上城址主体防御用地终止以后，其农用形态即已经具备条件）。

历史沿革细节及其与古城各时期形态之对照可参见《总则》，此处不赘述。从遗址形成过程、用地连续性、保护规划及展示需求等多个角度出发，本书将南宋之前的阶段称作“蜀岗上多时期古城址”的“发轫及演化时期”，将南宋阶段称作“定局时期”，前两个过程均属于古城主体的使用年代，细致辨析，后者乃是前者发展的最终演生形态，是在前者一系列地物演化基础上进行结构性继承和颠覆的格局性产物。在此之后的城址废弃阶段，即可称之为“化石化阶段”（fossilization）。这一过程标志着地物由“城”开始向“城址”转化，通常这一阶段也是整个遗产过程中“遗址用地阶段”的前奏，即在地物渐趋或突然沦为遗址后，开始出现新的土地利用模式。

若单就“本项目”所涉及保护展示的直接对象——“城壕”而言，其所经历的“主要功能性嬗变”系发生于南宋末年格局基础上（唐子城北墙和东墙外城壕的定局阶段和化石化阶段更为靠前；但后期遗址用地阶段则与其他区域大体相似），其他各类遗址用地所导致影响为次要变化（即在位置、规模、形态、构造材料等方面无本质变化），特别是发生于近现代时期的变化等都是非结构性变化。换言之，当前“城壕”遗存（即本项目保护展示对象）的现状形态在本质上，是一系列在南宋（或更早）定型的城壕系统（“原区位”）内构筑的农用地系统。现有地物、作物或植物的分布形势往往顺延原有遗址结构形态的边沿，轮廓隐约可见。晚期遗址用地过程是其发展经历的不可忽略的重要阶段，在“城域”（乃至文化景观）级别空间尺度上，这类顺应历史遗迹空间边沿构筑的新用地系统，对完整保存南宋遗址定局阶段整体结构是极为有利。但在较低级别空间尺度上，特别是城垣尺度级别地物及构件尺度地物方面，这类用地模式显然是具备一定侵蚀性的。

遗址概况与城壕空间结构

对“城壕”遗迹留存状况的分析，主要是基于对主体功能阶段中城壕、城垣位置的判断以及遗址用地过程中的土体运动特征而进行。

当前，已知“定局阶段”城壕的保存状况总体上形态清晰、走势明确，结构性改造很少。尽管“城壕”内区域大多被分割为水塘、浅泽、滩地，以从事养殖和种植业，同时还存在利用挖地清淤所出土方架构土垄和铺设渠道的情况，致使“原城壕”现在割裂严重，但“原城壕”边界及两侧构筑物（特别是“城壕”两侧城墙和土垄构造的存在）对后期农用构成的天然限制并未被打破。故可以认为，原有遗址在本体上留下的结构特征已经转化为后期农用的直接地理背景和边界。另外，“城壕”所面临的共同压力还包括淤积、水位保持和水循环困难等问题。

❷ 蜀岗上古城遗址周边相关道路及地名索引

❸ 栖灵塔上瞰“蜀岗形势”（西南—东北）

第一章 勘察报告

须明确的问题是，对于“城壕”的留存位置和留存状况的认定并不能孤立进行，还必须考虑对于“城壕”的破坏是否延及壖（即“城墙”和“城壕”之间的区域）和城垣主体。这是必须确认的保护要素，对于划定城壕保护展示范围界限有着根本性意义。

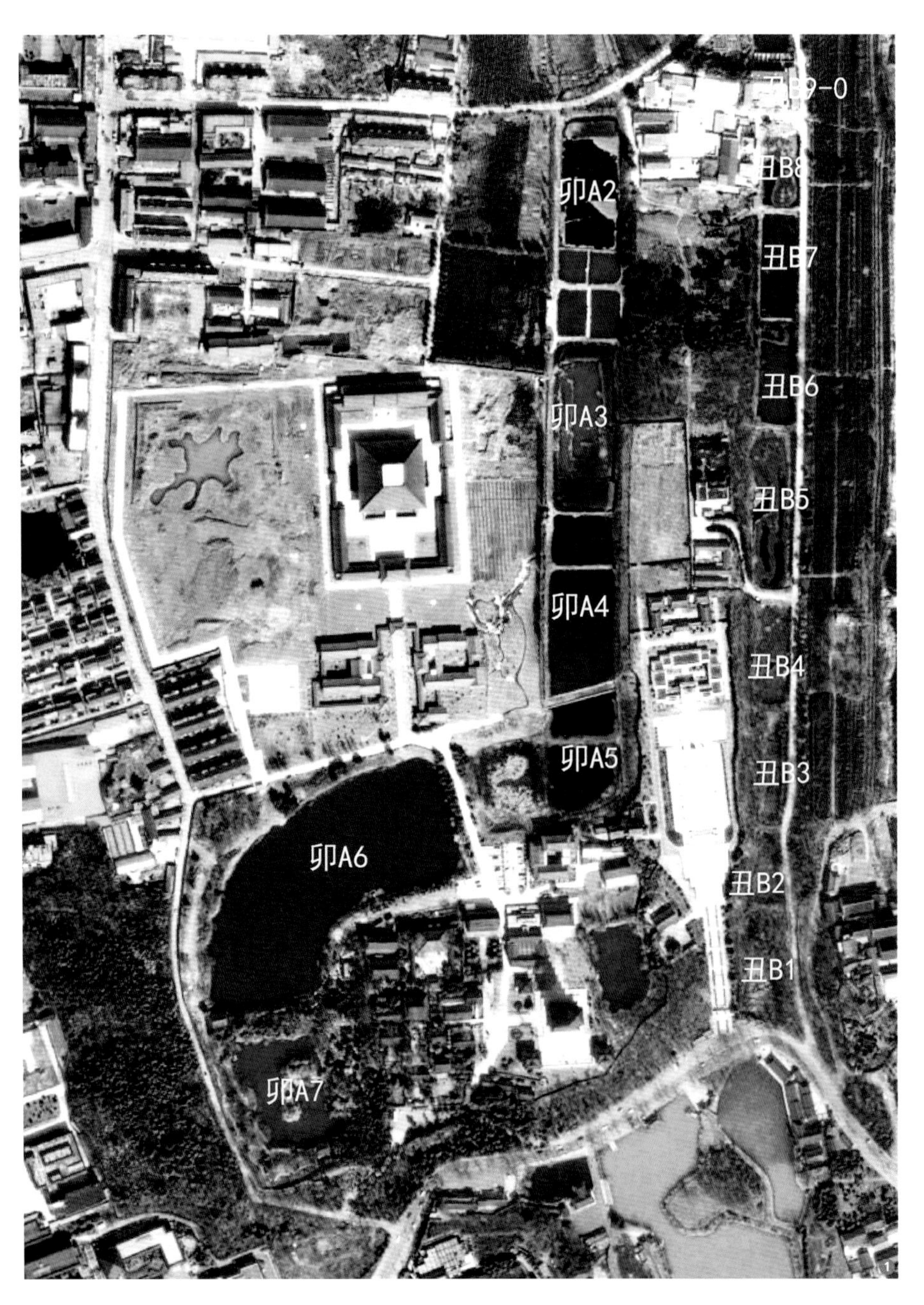

❶ 丑 B1～丑 B9–0、卯 A2～卯 A7 段城壕河道

丑 B1—丑 B9–1 河道

该段城壕遗迹位于西华路西侧，南起观音山西，北至东西向堡城路南侧。该段是西门瓮城以南的西墙外城壕遗存。城壕西侧为丁 A 段墙体（见《总则》第 90 页）。该段城壕长约 800 米。目前城壕遗存南北部分和中部宽度相差较大，南部最宽处约 50 米，中部最窄处不过 20 米，北侧则多在 30 米左右；底部高程多在海拔 16 米以上，最南端低至海拔 6 米以下。西华路位于城壕和西墙之间，地势北高南低，路面南部海拔高程约 10.76 米，北侧近瓮城处海拔约 18.81 米，南北高差约 8 米。此高差基本与城壕遗存底部南北高差接近。南部河道干涸淤塞严重，植被覆盖面积很大。“城壕”整体轮廓尚在，部分地段垃圾倾倒和污染现象严重。现有城壕遗存边沿距西墙墙体外侧夯土边沿尚有一定距离：南侧部分城壕边沿距离宝祐城西墙夯土边沿约 20 米，中段一度达到 38 米，近堡城路处则又回收至 13 米左右（详见“第四章”）。

丑 B9–2—丑 14 河道与部分辰段河道

该段城壕遗迹南起堡城路北侧，北至西河湾。该段是西门瓮城以北的宝祐城西墙外侧城壕遗存。城壕西侧为戊段土垄（见《总则》第 92 页）。该段城壕长约 700 米。河道最小宽度约 30 米，最大宽度约 135 米，深度一般在 0.8 ~ 2 米，两侧岸边地面高程约在海拔 17 ~ 18 米。现主要为鱼塘、藕塘、水芹地等农业与养殖用地。近西门瓮城处环境较差，有垃圾倾倒和焚烧场所。该段城壕遗存的侵蚀部位多已到达城墙夯土西边缘。西门瓮城向北延伸至西河湾，河岸与夯土边缘间距多在 6 米左右。在西河湾附近距离甚至更近，在转弯处，城墙夯土或已贴近河岸。戊段土垄东侧边缘与河道西岸线间距离约 6 米。

戊段土垄西侧现有城壕遗存轮廓宽度约 80 米，南北距离近 500 米。其与戊段土垄西侧边缘间距离约 6 ~ 13 米（详见“第四章”）。

卯 A1—卯 A7 段河道

卯 A1 段河道即宋宝祐城西城门“瓮城”外“月河”遗址，位于西城门“瓮城”与戊段土垄之间，河道现已全部淤塞，多为农业用地。“瓮城”西侧，“月河”遗址河道与戊段土垄边缘间距离 2 ~ 3 米，“瓮城”夯土边缘距离“月河”河道内侧岸边约 6 米。

卯 A2—卯 A7 段河道，即堡城路（“瓮城”西南）至大明寺段河道。水域较为宽阔，堰塞较少，多被分割为鱼塘。现存宽度在 50 ~ 60 米，深度 1 ~ 2 米。现存水塘水位整体偏高。河道西岸坡度平缓，岸边海拔高程已接近 19 米余，临烈士陵园一侧则坡度较为陡直。两侧近岸处基本为杂草和灌木覆盖。卯 A2 ~ 卯 A4 段河道西岸与戊段土垄东侧边缘之间最大距离约 10 米，而东侧丁段墙体则已经直接“界河”。现大明寺内水体，即卯 A5 ~ 卯 A7，基本保持了“原城壕”的轮廓形态（详见“第四章”）。

丑 A1—丑 A11 段河道

该段河道为西河湾至雷塘路段城壕遗存，系宝祐城西北城角向东至北城门“瓮城”地带的河道。西部水域较为宽阔，为小渔村鱼塘。至尹家桥头和李庄南北间，河道较为堰塞，多为农地，间或穿插鱼塘。东西一线宽度 60 ~ 100 米，西宽东窄，深度 1 ~ 2 米。至北门“瓮城”西南处，原城壕遗存已被用作农田。在河道南岸多数地带的勘探数据表明，宝祐城城墙北侧夯土边缘与河岸已十分接近或大体重合。河道北岸线相当部分与土垄南缘大体重合，部分保持约 10 米的距离，部分土垄则已经遭到河道侵蚀，如东侧局部（详见“第四章”）。

丑 A12、寅 A1—寅 A2、寅 B1—寅 B15 段河道

此河道包括回民公墓北侧、陆庄西南侧河道、大谈庄至堡城路一线河道、唐城人家及象鼻桥南等地段。

❷ 丑 B9-1~ 丑 B14 段城壕河道

❸ 丑 A1~ 寅 A2 段城壕河道

回民公墓北侧——为宝祐城北城门“瓮城”外“月河”遗址，即丑A12段。整体呈扇形，南北跨度约75米，东西跨度近290米。大部分水体已经完全堰塞，为林地、草地、菜地、渠道等占据。河道两侧边缘基本与北侧戊段土垄南缘及南侧“瓮城”夯土北缘吻合。

陆庄西南侧河道——为宝祐城北墙外侧城壕遗迹，即寅A1—寅A2段，均为鱼塘占据。现有鱼塘宽度接近120米，深度1.5～2米。宝城北墙外侧夯土边缘与河道南缘距离20～30米。

大谈庄—堡城路一线河道——即寅B1—寅B13段。其中寅B1—寅B8段河道，系宝祐城东墙外侧城壕遗存，宽度为70～80米。东城墙外侧河道内除了鱼塘之外，还有部分边沿地带被辟为藕塘、水芹地等。一般水体深度在1.5～2米。河道两侧岸边海拔高程多为16米左右。宝祐城东墙外侧近河道处坡势陡直，对侧戊段土垄沿河道一线则较为和缓。宝祐城东墙外侧夯土边缘与河道西缘距离10～15米。其中寅B8、寅B13-2段为宝祐城东墙与“瓮城”之间城壕，其北侧尚为鱼塘和家禽养殖场，而南侧已经为某驾校所占压。寅B9—寅B13-1段为宝祐城东门“瓮城”外“月河”遗址。各段宽度自40～70米不等。一般水体深度在1.5～2米。寅B13-1段南部现已完全堰塞为村落用地。

唐城人家段——即寅B14段河道，系宝祐城东墙外侧河道，长320米，宽100米。目前整体较为封闭，北侧近堡城路，局部已经成为某饭店的园林用地。本段水体与宝祐城墙体之间的关系，由于建筑物密集叠压和地面硬化，尚无法确知。

象鼻桥南段——即寅B15段河道，系宝祐城东南“瓮城”西南侧的城壕遗存。整体呈不规则三角形，南北跨度约235米，东西跨度近150米，东侧以相别路与汉墓博物馆相隔，整体地势较低。现存部分为大量林木所覆盖，其南侧临近平山堂东路部分则基本为湿地。该段城壕遗存与汉墓博物馆所占压的宝祐城东南“瓮城”、宝祐城东墙南段及南墙关系仍有待进一步明确（详见“第四章”）。

❶ 寅B1~寅B15段城壕河道

子 A1—子 A6 段河道

上述河道在尹家亳子、尹家长庄、小魏庄、江家山坎一线，为唐子城北墙外城壕，东西绵延约 1100 米，宽度在 65 米左右。在城壕河道中部，现存东西向水渠一条（堆筑基础，上建水渠，西高东低），宽度约 12 米。城壕内构筑鱼塘和分地务农多以其为边界南北分立进行。子 A1—子 A3 段，即丁魏路以西部分（尹家亳子和尹家长庄南侧），土垄南侧城壕范围内水域较为连续，鱼塘宽度约 30 米，深度在 1.5 米以上。北侧城壕一线割裂严重，堰塞部位较多，有一定数量土地改为农业耕种。南侧子城墙体总体较陡，但墙体上很多区域已经被平为农田。据 2013 年探沟发掘，北侧河道岸边与历史上城壕边界较为吻合。南侧子城墙体外侧夯土外边沿的原始位置与现有池塘南侧边缘接近，部分城墙夯土边缘被池塘破坏。子 A4—子 A5 段，即丁魏路以东部分至江家山坎部分，中部渠基宽度增至 18 米左右，两侧城壕河道变窄。南部河道宽度 25 ~ 30 米，北侧则缩至 16 米左右。丁魏路东侧一段南北均已成为农地。子 A6 段即唐子城北墙外城壕东北拐折处，现存最大宽度近 70 米，水体连贯性很差，东段已成为湿地。现存子城北墙外坡态势陡直，其北侧与城壕间关系与丁魏路西侧近似。子城北墙外侧城壕遗存形成过程较为复杂，城壕遗址用地已经对子城北墙构成破坏或威胁（详见“第四章”）。

子 A7 段河道

在江家山坎至枫林路一线，为子城东墙北段外侧城壕遗存。自小洲北侧到该部分河道南段，约 370 米，水面平均宽度约 30 米，现有水域深度 1.5 ~ 2 米。现河道西侧唐子城东墙部分外坡较为陡直，整体被村落占压。夯土界限最外侧已与河道边沿基本重合，一般距现水位线不足 5 米。东侧岸边平地高程约 16 米余。河道基本作为鱼塘和家禽饲养区域使用（详见“第四章”）。

❷ 子 A1~ 子 A7 段城壕河道

1.2 价值评估

历史价值

大格局的历史轮廓

从文献记载可知，春秋的邗城，战国，汉代和“六朝”时期的广陵城，隋江都宫，唐子城，南宋宝祐城等都建在蜀岗上。蜀岗区域是扬州多个筑城阶段遗存最为集中的区域，其历史价值的承载力和表现力也最强。根据前述分析，蜀岗部分的用地过程多数系以军事防御和政治统辖目的为主。军事性也可以说是蜀岗部分用地的主体，城壕遗址的历史价值无法与蜀岗古城重军政的基本历史特征相分离。城壕演进的过程基本上可以被认为是古城防御功能不断增强的过程。城壕遗址的历史价值在于筑城过程中其与城垣的互动关系及其所起到的阶段性防御作用。从城址整体风貌看，现有遗址的“定局阶段”为南宋时期。随着城壕的拓宽，早期古城防御系统中的城壕已经完全被南宋阶段扩充的城壕系统所代替。这一阶段的“三次主要筑城过程”是对此前阶段古城进行的结构性调整，完具壁垒、外筑大墙、疏扩城壕是相辅相成的防御工事修建环节。每次重要的调整，都是城垣与城壕的联动过程。因之，城壕演变的过程是全部“蜀岗上多时期古城”主体功能阶段逐步嬗变的历史证据。

遗址用地过程的证据

城壕系统在南宋末期大墙外、北城门“瓮城”外、子城东侧、东南城门瓮城外，尤其蜀岗东峰和中峰间是否连通，以及三条南北向护城壕如何跨越或连通蜀岗上下等问题，仍旧有待于考古发掘去究明。此外，主体城防用途结束之后的遗址用地过程“证据”，是南宋以后蜀岗历史的重要载体。遗址用地过程阶段的实际土地使用方式，是理解“遗址”所在地历史的途径，也是理解现有考古资源结构留存形态由来的主要途径。因之，作为遗址用地过程历史阶段的重要信息，城壕原区位内的农业用地过程是具备重要历史价值的社会过程信息，对理解古城发育过程及遗址用地过程均有重要价值。

艺术价值

“深峻”的古代军事景观

城址居高临水，充分结合自然，形成丰富的轮廓线，成为扬州重要的城市景观（见 2012 年《方案》及《扬州画舫录》）。从现地表水淹没模拟实验可知，历史上蜀岗上古城址使用时期的城壕水位不超过海拔 13 米，而以宝祐城墙垣和大土垄为例，当前高程大多在海

❶ 子城北墙外土垄上水渠、植被及南侧子城城墙（西—东）

❷ 唐子城北墙北侧子 A1 段土垄南农用状况（西北—东南）

❸ 唐子城北墙外子 A5 城壕及城垣（西—东）

❹ 子城北侧子段城壕内用地状况（西南—东北）

❺ 子城东北角湿地状况（西—东）

❻ 子城东北角东南侧城壕现状（西—南）

拔 20 米以上，部分甚至高达海拔 26 米。这样，如果以海拔 13 米作为疏浚后的常水位，则水面与现状城垣遗址顶部在多数地带将保持 10 米以上的高差。这个计算对理解历史景观的构成和完整性非常重要。某种程度上，使城墙墙体自身具备较高的高度只是确保防御能力的途径之一，城防使用主体阶段防御能力的提升，并非是单纯依靠筑城实现的，而应系通过“深沟高垒”的纵向变化才能得到强化。同样“深浚”的实体感受也存在于靠近平山堂与瓮城之间两侧的城壕部分。南宋晚期加宽城壕而以所出土方在原城壕外侧堆叠起“大墙”，从而最终形成了多层次的防御构造和现在看到的“军事景观”。现有的区域高点包括平山堂、观音山、西河湾内、西河湾外、东北城角以及四处瓮城。“内垣外垄”构成两道重要的视觉走廊。这些区域视野均极为开阔，能够从结构上感受蜀岗上古城原有的历史景观厚度。自然植被、人为构筑物层次以及高度变化都是以城壕为基准实现的，因之，城壕对景观审美具有基础性的含义。

郊野情趣的构成要素

城壕遗址在不同空间内的尺度开阖为景观的丰富性提供了基础，其自身的蜿蜒与回转也是构成景观审美线路的主要依据。从审美特征上讲，蜀岗上城址所表现的不是田园，也不是一般性的公园景观，而是“多时期”演化特征明显的“郊野”遗址。结合多种遗址用地过程（茶园、林地等），在现有河道内经过景观设计之后，可以进一步深化其郊野情趣的基本特征。

科学价值

城壕遗址作为蜀岗上古城的有机组成部分，对古城防御结构布局及建造合理性、古代城市攻防战略、人造壕沟构筑物水利特征、蜀岗上用地过程等诸多方面的研究具有很大的科研价值。

1.3 现状评估

研究与认知状况评估

对蜀岗上城壕遗址的认识可以概括为如下几个方面：

（1）迄今为止，没有专门针对城壕遗址进行的专项研究，多将现状河道笼统称为“护城河”，考古工作更侧重于对城垣本体的调查、勘探和解剖。

（2）因缺乏科学数据支撑，目前研究尚处于粗略阶段，大多数地段当前河道与历史上的城壕契合程度尚不清楚。从形态上看，宋宝祐城四个城门附近城壕及“月河”的形态应当与历史形态比较吻合。其他地带尚难以推断。

（3）以最新的考古勘探成果推断，相当部分现河道的岸线已经临近甚至超过城墙夯土边线，说明河道（或水塘）被人为拓宽幅度比较大。

（4）如果以现地表高程进行水淹没模拟分析，可知历史水位不会高于海拔13米，当前城壕河道底部高程多为海拔14～15米，那么，在理论上，历史上的城壕河道应该位于现状河道的下部，现河道的底部接近历史河道的河岸顶部。

（5）当前城壕河道范围大体相当于历史上的坝和城壕。

真实性、完整性评估

城壕与城垣是相互依附的城防构件。尽管近现代河道内农用过程已经对城壕遗址原始边界的位置、形态以及整个城壕的深度及底部特征均构成了深刻的影响，但如果淡化时代，以多时代演变过程作为一点来考虑，城壕遗址在整体上具备典型的“区位真实性”，现有河道在整体上与现农用构造区位基本吻合。以蜀岗上古城遗址整体而言，当前除南城墙外城壕、宝祐城东南门瓮城月河、大土垄外城壕的具体形态尚不够清楚外，其他地带的城壕总体上轮廓基本清晰。相对于本方案保护与展示的范围，城壕遗址的整体结构基本清晰，城垣与城壕的对应关系也基本完整。简言之，蜀岗上古城城壕遗址具备区位真实性，在“垣—壕”二元配位城防构造关系上有着极高的完整性。

遗址残损评估

因历史上的城壕河道位于现河道的下部，其保护或残损状况总体不甚清楚。本残损评估主要针对当前河道水域状况进行。

自然因素

历史上的自然因素是水土流失造成的淤塞。现阶段所知自然因素为河道内因水体消长造成河道两侧驳岸以约 25 厘米 / 年的速度扩张。根据在城壕西河湾与小渔村段落的实地调查，鱼塘管理者采用石棉瓦、石板等材料进行坡岸加固，对鱼塘进行自行维护，但收效甚微。

人为因素

（1）农业生产活动——主要为鱼塘挖掘和埂堤阻隔。

（2）道路阻隔——目前横穿河道的现状路共有四条，其中堡城路和雷塘路穿越城址，两次通过河道。

（3）建筑占压——部分建筑占压在河道上，如西城门南侧和东城门处都有建筑。

❶ 子城子段城壕南端状况（东南—西北）

❷ 丑 B14-2 段城壕鱼塘（南—北）

❸ 丑 B13 西侧人为构筑土垄、护坡及墙体（南—北）

❹ 丑 B12 东宝城城垣（西—东）

❺ B1 东侧道路及护坡（南—北）

❻ 丑 B5 水面（南—北）

（4）渠道占压——位于尹家毫子至江家山坎之间的唐子城北城墙外城壕河道中部被一东西向现代引水渠占压。

（5）垃圾占压——被垃圾占压地段多达十余处，主要为附近居民的生活垃圾。

遗址稳定性评估

当前的遗址稳定性主要表现为城壕河道边坡稳定性上：

（1）目前，在长期水土流失的过程中，边坡已经形成了一定适应性的坡度，加之植被茂密、水位较高等因素，故河道边坡一定程度上处于稳定状态。

（2）部分坡度较陡的地段，如西城门以南河道地段，现状鱼塘的边坡已经由水泥材料加固。现有城壕内基本为水体所淹没。

（3）水体消落是目前危害城防结构的最主要因素。现有水位较十余年前已经出现大幅度抬升。根据目前调查的结果，我们认为西城壕北端、整个宝城北墙外侧、东墙外侧均面临一定程度的稳定性威胁因素。

遗址环境评估

城壕所在位置环境状况可以分为三类进行表述。

近村落部分

包括尹家桥头（垄北）、陆庄（垄东）、尹家长庄（子城北壕北）、小魏庄（子城北壕北）、江家山坎（子城北壕南）、汉墓博物馆北（宝城东南瓮城北）等。这类城壕遗存所在环境受村落人口生产、生活压力影响较大，主要包括垃圾倾倒、种植物焚烧、禽畜粪便排放、构筑物侵占水面、杂草灌木蔓生、水域堰塞、水污染等。

养殖用地部分

鱼塘、藕塘占据部分一般水域比较开阔，两侧以林地和茶园为主，环境状况也相对较好，由于人工管理，故对养殖场周边的环境有相应的清理。

园林形态

如现平山堂内的一组水域，应系包平山堂的城壕遗存，又如汉墓博物馆西侧的泽地。这些区域内由于已经成为紧邻蜀岗南缘干道的园林区域，故其环境相比于前述部分要好得多，但在西华路南侧一线由于安置垃圾处理场所而存在较大的环境破坏。

风险评估

根据风险评估可知，主要有如下4个方面的问题：

（1）水体沟通后，现有水位下，形成大容量水库（约73万立方米），蓄水对周边城市和居民存在影响，构成悬在半空的安全隐患。

（2）尽管当前水位因阻隔高程在海拔10~20米不等，但水体沟通后，将以海拔13米为常水位。水位下降对边坡稳定性、生态等方面可能构成一定影响，在未施工前需要对此进一步评估。

（3）以海拔13米为常水位，超过临界点排涝对蜀岗下现有城市水系（如瘦西湖和保障湖等）造成的影响需要进一步评估。

（4）以海拔13米为常水位，对蜀岗北部现通往槐泗运河的河道泄洪能力需要进一步评估。

1.4 勘察结论及对策

本次勘察对象涵盖了现已辨明的全部城壕河道系统。与本次城壕遗址保护规划与展示方案设计直接相关的即 2012 年《方案》中的子、丑、寅、卯四部分。如前文陈述，蜀岗上古城址城壕在形成过程方面属于“多时期”形成，如果以南宋为一大段落的话，那么南宋前仍旧有较长久的发展历程，同样，在南宋主体防御功能废弃之后，也同城垣一起经历了复杂的遗址用地过程。从城垣与城壕配合使用的角度来说，城壕的完整程度相当之高，且各段落都基本保持了原有的位置和规模。从广义的原真性而言，城壕具备了“区位原真性”，即后期的“遗址用地过程”均系在遗存界限的原位内进行的，其对界限的突破也只是在偶合区位范围后发生的。在景观形态方面，现有城壕河道所表现的宽度，大致是南宋末的城壕与坝的“合体”。本次调查所关注的几个方面的问题及相应对策须在最后特别明确。

城垣、坝、城壕的结构界限及“随物赋形”方法的选择

对城壕进行的分析

根据现有数据，我们对城壕进行了如下的分析。

（1）西瓮城南侧丑 B 段城壕河道与宝祐城西墙夯土有较大的距离，间距约 20 米[1]。这可以说明，因城壕功能改变而导致对墙体破坏的可能最小。因之，对于这段城壕，首先应当保持其现有的形态。

[1] 丑 B1 东边缘距乙 1 段夯土距离不明；丑 B2 东边缘距离乙 1 段夯土 26 米；丑 B3 东边缘距离乙 1 段夯土 16 米；丑 B4 东边缘距离乙 1 段夯土约 17 ~ 19 米不等；丑 B5 东边缘距离乙 1 段夯土约 21 ~ 31 米；丑 B6 东边缘距离乙 1 段夯土 31 ~ 38 米；丑 B7 东边缘距乙段夯土约 29 ~ 31 米；丑 B8 东边缘距离乙 1 段夯土约 12 ~ 24 米。

❶ 寅 A1 水域

❷ 宝城东北角外侧城壕水域（东北—西南）

❶ 西瓮城外侧城壕卯 A1 段（东—西）

❷ 鉴真学院东侧土垄与城壕留存水域的关系（北—南）

（2）西瓮城北侧的丑 B 段情况则极为不同。现有鱼塘岸边一般与已经考古探测出来的宝祐城西墙外侧夯土遗存边沿距离只有 5 ~ 10 米，向北至西北城角处一带二者基本吻合。因此，这部分鱼塘的开挖显然对原有结构有着较严重的侵蚀作用[1]。因此，在方法上，首先应采取压力缓冲措施，即须预先考虑到城墙夯土遗存的保护。

（3）卯 A 段情况也比较理想，基本与西侧戊段土垄外侧边沿保持着约 15 米以上的距离，而与丁 A 段的关系也很清楚[2]，后者在培护方面可能需要更缜密的措施。

（4）丑 A 段在宝祐城北，普遍保存压力较大[3]，局部夯土遗存边沿甚至已经落入城壕河道内，城墙夯土本体直接临河。

（5）宝祐城东北至东南门瓮城一线，即寅段，压力方式有所不同（见前文）[4]，其最大特点即现有鱼塘直接与南宋宝祐城墙体坍塌堆积相邻，从各种材料分析看，其内侧原有的南宋城垣、城坝结构应当比较完整。而在鱼塘外侧一线，其与土垄的关系也比较清晰，水塘岸线基本与土垄边沿吻合。

（6）本次涉及的唐子城外城壕部分，即子段，一般认为这部分城壕河道驳岸的破坏已经与墙体非常切近[5]，故首要的工作就是压力缓解。

对“随物赋形”法的选择和使用

根据前文分析可知，在南宋阶段子城和宝祐城全部区域内墙“垣—坝—壕”三者的明确位置关系尚不能确知。我们今天所看到的形态，只能大致反映出在南宋“定局阶段”时三者的相互关系。同时，对南宋之前三者的位置和格局演进也并不确知。但由于南宋阶段系“遗址化”前的最后阶段，因此，我们尝试以其为“骨骼”进行保护和展示，故所谓“随物赋形”之“物”乃是南宋大格局，此其一。根据实测和调查结果，可知，目前在全部遗址范围内均存在着墙体保护压力，或大或小而已。对墙垣外侧进行缓冲的需求自不待言，此其二。向城壕河道内扩地，一方面缓解了墙体保护压力，另一方面，在结构上保持了“城外池内”间隙地的空间位置关系，此其三。

❸ 小渔村自行加固

❹ 北瓮城北侧城壕

1 丑 B9-1 东边缘距离乙 1 段西侧夯土遗迹边沿 12 ~ 13 米。丑 B9-2 部分塘口距离乙 2 段西侧夯土遗存边沿约 6 米。丑 B10 塘口距东侧乙 2 段西侧夯土遗存边沿约 4 米，西侧距离土垄东侧边缘 6 ~ 8 米不等。丑 B11 东边沿距乙 2 西侧夯土遗迹边沿约 3 米，西侧距离大土垄边沿约 13 米。丑 B12 塘口东边沿距乙 2 段西侧夯土遗存边沿约 3 ~ 5 米(已在塘口外坡范围内)，西侧距离大土垄东边沿约 2 ~ 3 米。丑 B13 塘口距乙 2 段西侧夯土遗存边沿约 6 ~ 7 米，距西侧土垄边沿约 5 米。丑 B14 塘口西侧距土垄边沿约 5 米，东侧或已经侵蚀到墙体外侧位置。

2 卯 A1 塘口东距瓮城城垣外侧夯土遗存边沿约 6 ~ 9 米，西侧距土垄外沿约 3 米。卯 A2 东侧丁段直接"界河"，西侧则距离大土垄有着 5 ~ 15 米的距离。卯 A3 东侧丁段直接"界河"，西侧则距离大土垄有着 15 ~ 19 米的距离。卯 A4 东侧丁段直接"界河"，西侧则距离大土垄有着 10 米左右的距离。

3 丑 A1 现有塘口距北墙外侧夯土遗存边沿约 8 米，北侧村落占压，故其与土垄边沿关系有待明确。丑 A2 南侧距离北墙垣外侧夯土边沿约 5 米，北侧距离大土垄南侧边沿约 8 米。丑 A3，北墙垣外侧夯土边沿已经进入塘口以内 5 米左右，北侧距离大土垄南侧边沿约 5 米。丑 A4 南侧塘口边缘据宝祐城北墙外夯土遗存边沿约 5 米，北侧与土垄边沿齐平。丑 A5 塘口距离南侧宝祐城北墙外侧夯土遗存边沿约 3 米，距离北侧土垄边缘约 5 米。丑 A6 南侧塘口边缘据宝祐城北墙外夯土遗存边沿约 7 米，北侧与土垄边沿齐平。丑 A7 南侧扔在城壕内，北侧由于建筑物占压无法明确其与土垄关系。丑 A8 南侧距离夯土遗存边沿约 9 米，北侧在壕内。丑 A9 与北侧占压严重，故其与土垄关系不清，但缓坡态势明显，村内人居干预较多。南侧在壕内。丑 A10 南侧紧邻宝祐城北墙，距离外侧夯土遗存边沿约 5 ~ 7 米，北部在壕内。丑 A11 北部在壕内，南侧距离北城垣外侧夯土遗存边沿约 9 米。

4 寅 A1 南侧距离北城垣夯土遗存边沿约 10 米，西侧局部夯土边沿已经进入塘口，北侧距离土垄边缘约 10 ~ 15 米不等。寅 A2 北侧与东北侧土垄坡线基本与塘口吻合，宝祐城墙垣外侧夯土遗存边沿与塘口基本吻合(但距离拐折处内侧墙体可能还有 20 ~ 30 米的距离)，南拐之后，与夯土遗存边沿保持约 5 ~ 7 米的距离。寅 B1 与宝祐城城垣东侧坍塌堆积边沿相距 5 ~ 10 米，塘口与东侧土垄边沿吻合。寅 B2 与宝祐城城垣东侧坍塌堆积边沿相距 10 米左右，塘口与东侧土垄边沿吻合。寅 B3 与宝祐城城垣东侧坍塌堆积边沿相距 10 米左右，塘口与东侧土垄边沿吻合。寅 B4 与宝祐城城垣东侧坍塌堆积边沿相距 10 ~ 15 米左右，塘口与东侧土垄边沿吻合。寅 B5 与宝祐城城垣东侧坍塌堆积边沿相距 10 ~ 15 米左右，塘口与东侧土垄边沿吻合。寅 B6 与宝祐城城垣东侧坍塌堆积边沿相距 15 米左右，塘口与东侧土垄边沿吻合。寅 B7 与宝祐城城垣东侧坍塌堆积边沿相距 15 米左右，塘口与东侧土垄边沿吻合。寅 B8 西侧有大量建筑占压，故其与西侧区域墙垣关系不明确。

5 子 A1 ~ 子 A6 塘口与子城墙体外侧夯土遗存边沿基本一致。子 A7 塘口与子城墙体外侧夯土遗存边沿基本一致。

确立城墙本体保护红线

从上述状况可知，当前城壕河道与历史护城河遗存间在水平和垂直两方面都存在着错位。水平范围大体相当于历史上的城壕遗址和坝的范围。垂直高差上，历史护城河遗存大体位于当前城壕河道的下部。同时，当前城壕河道的水岸线与城墙夯土本体临近，甚至直接侵蚀夯土遗存。因此，在保护历史城壕遗址的同时，必须考虑城墙本体的安全问题。为此，我们以最新考古勘探成果为基准，以当前城壕河道水面边缘为参考线，大体划定了城墙夯土本体保护的红线。对于城墙夯土边缘进入水岸线的部分则以实际位置为准。这条红线也是城壕保护与展示工程设计的底线。

降低现城壕河道水位至接近历史水位

鉴于城壕河道与历史护城河遗存的空间关系、当前城壕河道水域内各段水面高程不一且差距较大、城壕贯通后高水位对现代城市的安全隐患、景观设计需求等因素，“本方案”建议将城壕河道常水位降低并保持在▽ 13 米。历年来各地段考古勘探和发掘结果（表 1-1）也证明这是一个较为合理的常水位估算。

确定城墙与城壕疏浚工程河岸的保护缓冲区

依据调查，若以海拔 13 米高程为常水位，当前城壕河道的绝大部分河床将变为陆地。鉴于坝作为城防系统中确保城墙安全的缓冲地带，水位降低后的城壕河道河床为再现历史城防“墙—坝—壕”三位一体空间结构提供了有利条件。蜀岗下扬州唐罗城和宋大城等大城址坝地的宽度一般在 10 米左右，鉴于此，在蜀岗上古城防御系统的保护与展示中，我们采用以距红线 10 ~ 15 米来划定坝的宽度。在部分地带，根据景观设计需求，宽度甚至远超过 15 米，实际上新确定的缓冲区即坝的临水边界也是新拟疏浚的城壕的驳岸线位置。

各地段历史水位推测

表 1—1

发掘或勘探记录编号	位置	堆积顶部平均海拔高程	生土面海拔高程	推测河面历史水位上限
YZG4	子城东墙	19.2 米	12 米	12 米
YZG5	子城北墙	19.5 米	13~14 米	13 米
YZG2	宝城西墙	21.8 米	约 15 米	15 米
YZG1	西北城角	23.5 米	约 15 米	15 米
YZG6	宝城东墙	20.5 米	约 15 米	15 米
YZG7	宝城东墙	21 米	约 15~16 米	15 米
万庄截面	宝城西墙南侧	23 米	约 18 米	不明
2013YZG3	宝城北墙	20.8 米	约 13 米	13 米
2013YZG4	瓮城北侧至土垄南缘	17.4 米	16 米	不明
2013YZG5B	唐子城北墙外侧	16.5 米	14~15 米	14 米
2013YZG6B	唐子城北墙外侧	16.4 米	14~15 米	14 米
2013YZG7B	唐子城东墙外侧	16.3 米	14~15 米	14 米

❶ 小渔村位置河岸消落作用

❷ 卯 A2 段南望栖灵塔（北—南）

❸ 小渔村位置河岸加固措施

❹ 小渔村位置河岸自行护坡塌陷

水位引发村落危险问题

据现有高程，遗址东北侧村落一带普遍高程偏低（如尹家长庄、尹家毫子等较高为海拔 14 ~ 15 米，甚至更低）。而这一高程明显低于或等于多数地段主体城壕河道底部高度。根据调查，宝祐城西墙外侧城壕瓮城以北部分现有底部高程均在▽ 14 ~ ▽ 15 米左右。这样，相对于东北部较低海拔位置的村落而言，疏浚后，城壕河道内水域高程如不严格控制，则将成为“悬河”。这样的状况相对于海拔高程在 10 米左右甚至更低的蜀岗下现代城市而言，安全隐患更大。降低贯通后的城壕河道水面高程成为必然要求，根据对蜀岗上古城址地表现状地形淹没分析，建议设计城壕常水位高程为▽ 13 米。

西瓮城以南区域高程差异问题

西城门瓮城以南区域是城壕高程分布最复杂的区域：

（1）卯 A2—卯 A7 段，城壕内底部现有高程为海拔 16 米左右，现有水位高程为海拔 18 米。

（2）丑 B5—丑 B9-1 段，城壕内底部高程约▽ 16 米，现有水位高程▽ 17 ~ ▽ 18 米。两条线均向北交会于西城门，西城门北侧现有城壕河道底部高程约▽ 15 米，要低于西城门以南。这样，在西城门南北两侧形成河道底部和现水面高程截然不同的三组水域。如强行贯通，势必产生一系列工程难题。建议大体维持各自的现状，仅在局部系统内进行贯通。

子城北城壕形态问题

子城以北城壕形态一直存在不同推测。其主要问题是：在现有子城墙体北城壕中部横亘着一条东西长约 1.1 千米的土垄，土垄上自西向东分布着高架水渠、灌木杂草、农田、棚户等。事实上，在历史上中间这道梁所在的位置是南北村落行政区划的分界线。与西河湾、小渔村处鱼塘相似，土垄本身并非是古代堆积，而是后来用以界隔城壕以形成隶属于不同所有者农作或养殖空间的一道分界线，是当代的堆筑物。现有河道整体宽度接近 70 米，单从景观的角度，如完全去除横亘城壕河道中的土垄，势必会使视野过于单一。因之，可以考虑将原有城壕内的土垄断续分割保留成岛屿形态，以充实景观。

景观视野单调的问题

以壁垒壕沟为展示对象，是本方案必须直面的内容。线性的格局容易产生单调的感觉。建议如下：

（1）通过曲线形驳岸线的设计，增加水面和视觉的层次。

（2）道路系统构建，采用城壕内侧机动车道与步行道结合、外侧步行道与栈道结合的设计方法，丰富游览参观通行方式，以此来调节参观感受。

（3）在重要节点设置亲水平台，向游客进行最佳景观视角推介。

（4）水陆交通并用，增加乐趣。

水陆交通衔接与便捷问题

间隔、障碍是军事设施的基本空间分布特征。现有城壕河道最宽处宽度达 135 米，这对于参观者而言是非常不便的。鉴于此，规划希望通过在水域两侧缓冲区设置机动车道和步行道、S 形线路及河道沿岸设置相应渡口码头来加以缓解，并考虑在瓮城附近设置水陆转换的重要节点。

护坡特殊需求和材料问题

鉴于当前水体消落对城壕河道驳岸边缘影响较大，故建议：

（1）水位下降以后，现有坡岸全部作为陆上部分，基本不临水。

（2）对较陡部分，采取适当铺垫措施，形成合理稳妥的坡度，防止水土流失和垮塌。

（3）新开挖疏浚河道，采取相应措施加固驳岸。

居民生活与排水设施问题

在相当长的一个阶段内，遗址区域内都会继续存在较大规模的人群。其中的交通和生活用水排放问题都较为关键。鉴于遗址在结构上具有四面封闭的特点，护城河疏浚工程的实施，势必给城内居民生活带来不便，建议统筹规划解决。

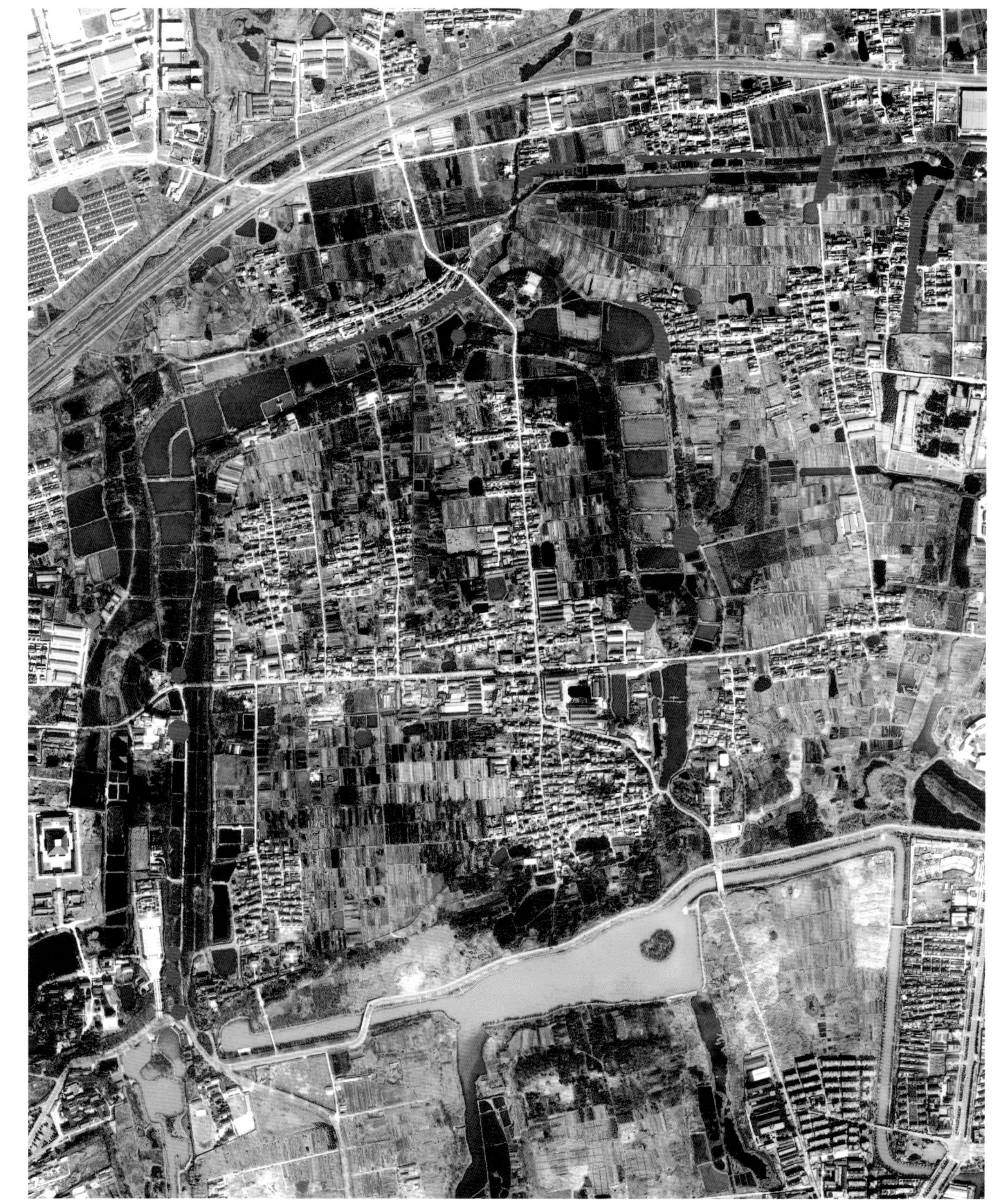

❶ 垃圾分布与重点环境治理区域

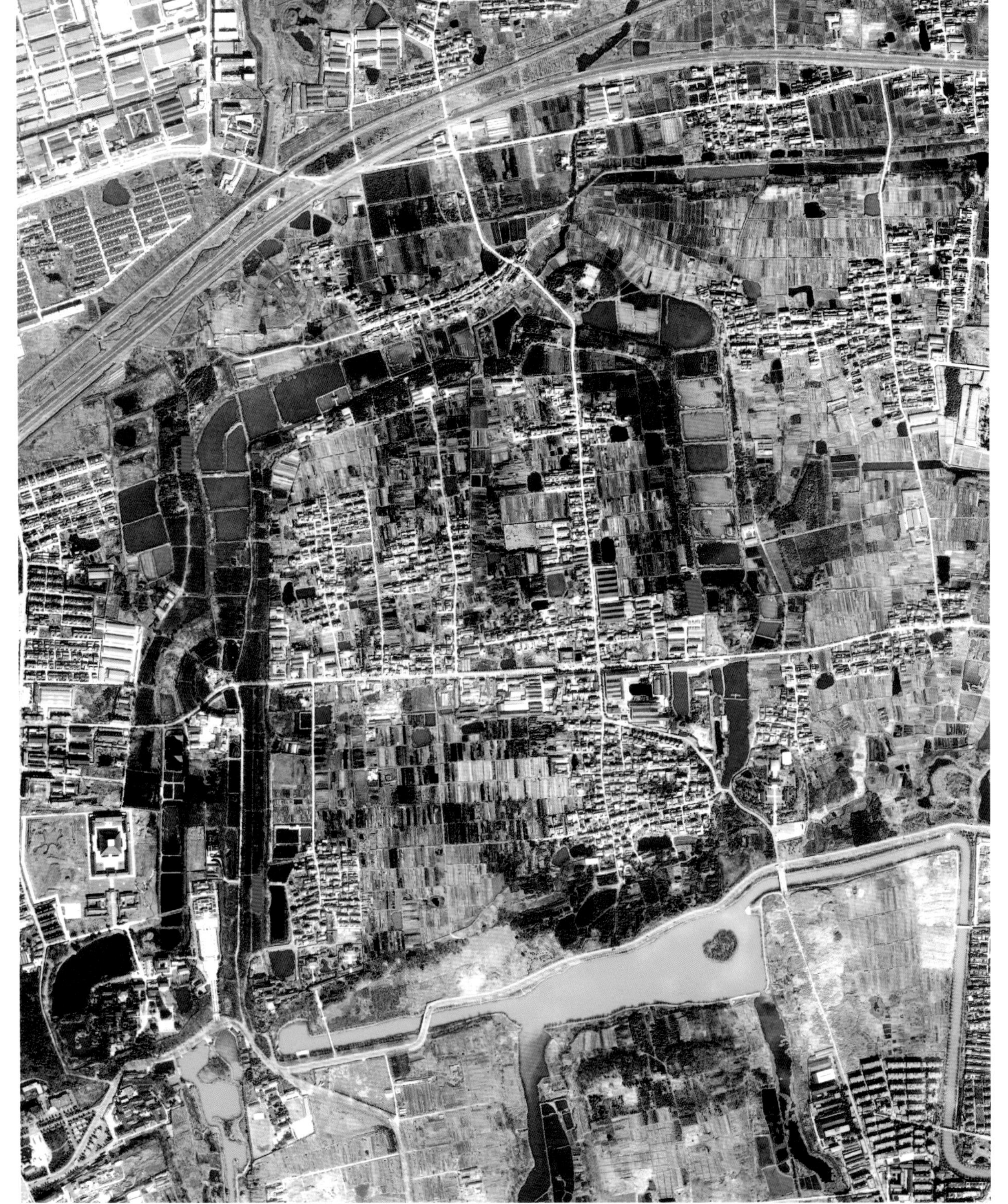

工作进度与考古工作先行问题

城壕河道的疏浚，给考古工作带来很大机遇。同时，考古工作为疏浚和保护工程措施设计奠定科学依据。建议城壕河道疏浚工作采取分段推进的工作程序，考古工作适当先行，或贯穿疏浚工程。重要地段如城门等地带发现新的重要遗存，如新发现遗存的状况与保护工程施工方案发生冲突，应依据考古发现及时修改相关设计。

拆迁与视野问题

现有遗址范围内，如在北侧大土垄、子城北城壕河道等处，均建有较大规模的村落。这些村落的南部基本都与城壕河道十分接近，从景观设计的角度而言，是有碍视野的。经过调查，村内核心道路南侧临水建筑物宜先期进行拆除，这会让出较大规模的岸边绿地，为游人提供休憩和眺望的视觉走廊（详见“第四章”视域分析内容）。

❷ 禽畜饲养区域

第二章

遗址保护展示方案

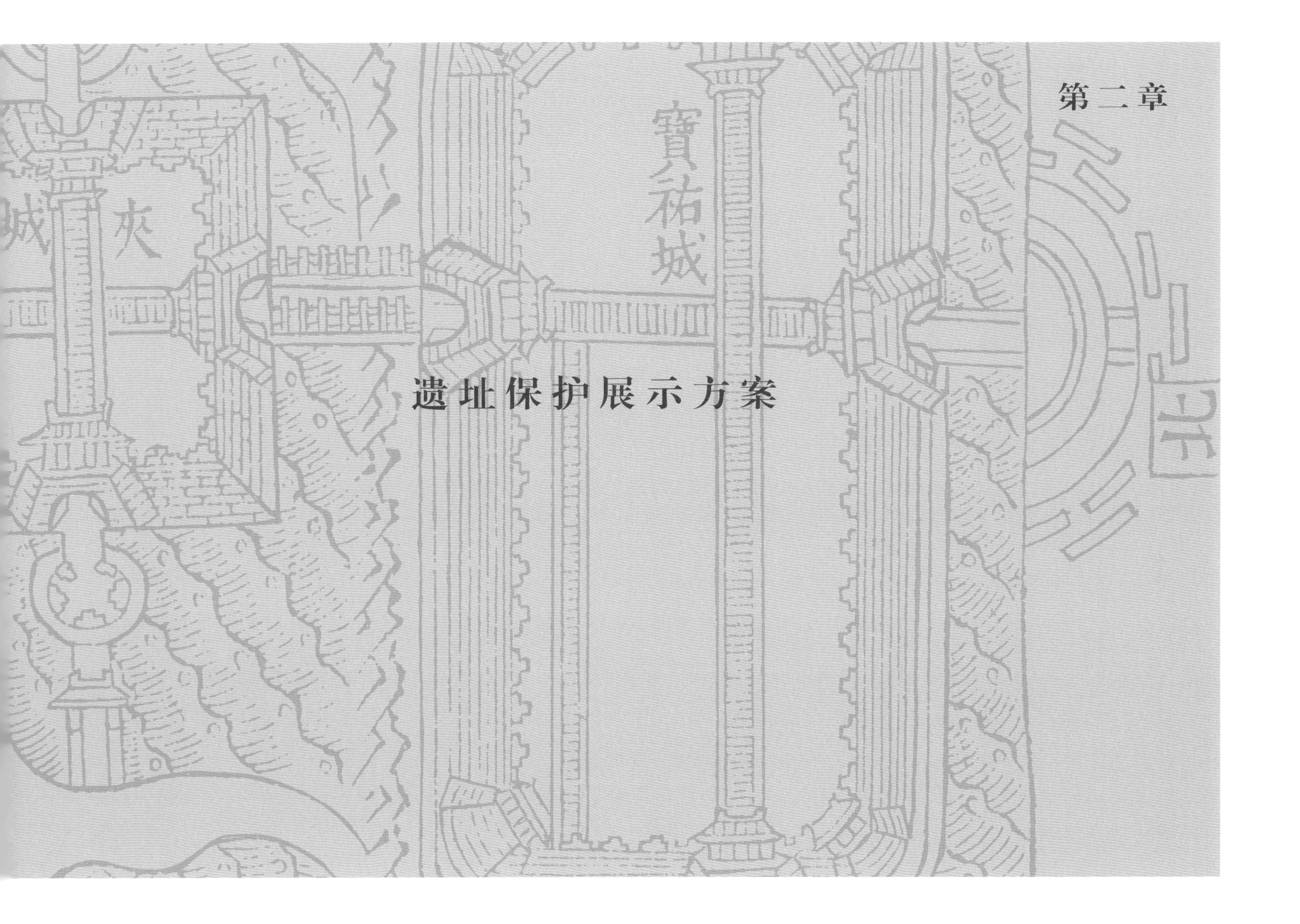

2.1 工程概况

工程定位

本项目是扬州蜀岗上古城址保护展示体系的重要组成部分，在城垣本体安全获得保障的基础上，以护城河保护和展示为重点。本项目基于《唐子城·宋宝城城垣及护城河保护与展示概念性设计方案》(文物保函[2012]1291号)，是该方案设计体系实施和深化的具体内容之一。

保护对象

蜀岗上古城址包括护城河、城墙本体、城门及相关设施(城门、桥涵、瓮城和道路)本体等。其中，以护城河为本项目重点，城墙、城门等遗存保护详见相关设计。

内容和任务

作为蜀岗上城址(即《唐子城·宋宝城护城河保护展示工程设计方案》第一期)，"保护展示体系的重要组成部分"涉及工程的主要内容有：宋宝祐城东城墙、北城墙和西城墙外侧护城河。其中西城墙外西城门以南段(西城门—蜀岗东峰"观音山"下、西城门—蜀岗中峰"平山堂城址"西南)两段河道；唐子城北城垣东段(回民公墓北—东北城角)和东城垣北段(东北城角—江家山坎村东枫林路)城垣外侧护城河，总长约7.2千米。

工程任务为：以考古最新成果为基础，在城墙夯土本体安全得以保障的前提下，初步界定护城河的可能边界；通过对上述护城河的疏浚治理，并配套实施相关的旅游、景观、交通工程等，进一步挖掘和展示护城河的景观资源，打造文化和旅游亮点。作为蜀岗上古城址园区化展示的组成部分，因城墙及相关区域保护展示工程设计滞后，"本方案"拟不涉及园区出入口、电力和通信设施等基础性工程的设计。

工程性质

大遗址保护展示项目，也是"隋唐大运河"申报"世界文化遗产保护名录"预备项目之一。

工程等别与标准

根据《水利水电灌溉与排水工程等级划分及洪水标准》(SL252-2000)、《灌溉与排水工程设计规范》(GB50288-99)和《泵站设计规范》(GB/T 50265-97)有关规定，确定本工程河道工程级别为4级；活水泵站工程等别为Ⅳ等，其主要建筑物为4级建筑物、次要建筑物为5级建筑物；游船码头和亲水平台设计荷载标准值为3.0kN/m^2，交通桥设计荷载等级为公路—Ⅱ级。

场地地震效应

依据《中国地震动参数区划图》(GB18306—2001)，工程所在地地震设防烈度为7度，设计基本地震加速度值为0.15g。

2.2 工程总体设计

设计依据

（1）《中华人民共和国文物保护法》（2002）；
（2）《文物保护工程管理办法》（文化部令第26号，2003）；
（3）《扬州市城市总体规划（2002 ~ 2020）》（2001）；
（4）《扬州城遗址（隋至宋）保护总体规划》（2011）；
（5）《唐子城·宋宝城城垣及护城河保护与展示概念性设计方案》文物保函【2012】1291号；
（6）《蜀岗—瘦西湖风景名胜区总体规划》（1993）；
（7）《蜀岗—瘦西湖风景名胜区瘦西湖新区建设规划》（2005）；
（8）《水利水电灌溉与排水工程等级划分及洪水标准》（SL 252-2000）；
（9）《灌溉与排水工程设计规范》（GB 50288-99）；
（10）《泵站设计规范》（GB/T 50265-97）；
（11）《碾压式土石坝设计规范》（SL 274-2001）；
（12）《溢洪道设计规范》（SL 253-2000）；
（13）《水工建筑物抗震设计规范》（DL 5073-2000）；
（14）《供配电系统设计规范》（GB 50052-95）；
（15）《中国地震动参数区划图》（GB 18306-2001）；
（16）中国社会科学院考古研究所，南京博物院，扬州市文物考古研究所.《扬州城1987 ~ 1998年考古发掘报告》.北京：文物出版社，2010年；
（17）扬州唐城遗址博物馆，扬州唐城遗址文物保管所.《扬州唐城考古与研究资料选编》，2009年；
（18）《唐子城护城河及城墙展示、生态修复、环境整治工程项目申请书》（2011）；
（19）扬州唐城考古队2012-2013年考古资料；
（20）《2012年唐子城·宋宝城勘探工作报告》；
（21）《2012年唐子城·宋宝城城墙及护城河勘探工作报告》；
（22）其他有关规范、规程。

设计目的

保护和挖掘蜀岗上古城址的价值，合理展示遗址，彰显名城风范

蜀岗上古城址因地制宜，因势而建，雄踞蜀岗之上，是扬州城市起源和发展的最重要物证。据考古调查和勘探研究，蜀岗上古城址的空间格局和历史格局保存较好，具有重要科学、艺术和文物价值。蜀岗上古城址的护城河与城门和城墙一样，是古城扬州发展的重要载体，进行有效的保护和展示，能进一步彰显城市的特色内涵。

延续历史文脉，修复特色资源，打造精致扬州

扬州因水而灵气秀美，因水道密布而气蕴充足，因运河而成为管控南北经济命脉的咽喉。护城河环绕城址，与自然结合充分，形成丰富的轮廓线，空间格局基本明晰，成为扬州重要的城市景观；特别是通过对唐、宋城护城河的疏浚，使得扬州城市水上游览全线贯通，再现历史生态景观。

扬州城遗址，已列为“大运河”申报“世界文化遗产”后续预备名单，蜀岗上古城址及护城河是其重要内涵之一。保护和利用好护城河，形成扬州有代表性的景点，有利于进一步完善城址的生态系统，有利于提升扬州的形象。同时，通过保护为市民开辟一片城市休闲绿地，让文化遗址掩映在绿色之中，成为群众共享的文化园、教育园、科普园、休养园，让大遗址成为城市最美丽的地方、最有文化品位的空间。

设计原则

本方案遵循《唐子城·宋宝城城垣及护城河保护与展示概念性设计方案》（2012）的设计原则。

保护遗址本体的原真性、科学性

现有蜀岗上古城遗址考古资源的利用展示设计，都是在充分尊重考古遗存原有状况、立足考古与文献研究的基础上进行，其目的在于如实反映古代遗址空间风貌，凸显其文化重要性与历史重要性，并尽可能将考古遗址的保护、发掘与价值深化有机地结合起来。通过有限的考古资源利用，揭示出更多的文化“韵味”与历史信息，并结合“区域”社会的发展历程，将蜀岗纳入“江淮之间”这一空间范畴加以解读，以其遗址本身的原真性为基础，尽量科学地对其文化底蕴进行揭示。在满足考古资源自身维系的当前需求和长远利益的同时，设计中需要考虑当地社会群体的发展需求。在安全利用考古文化资源的同时，满足社会利益相关方的合理需求。通过对遗址及周边地区用地模式进行调整，有效地缓解考古资源保护与当地社会发展之间的矛盾，能够尽量让当地人群从当地的文化资源中获益，从而推广“资源维系才能长久受益”的保护意识。

突出遗址本体的完整性、可识别性

设计理念除了突出区域空间尺度之外，还尽量突出遗址本身的结构完整性，务必使受众群体能够较为容易地理解原有的蜀岗古城在唐与南宋两个阶段的原有规划和建设意图。将遗存纳入城址构造加以理解，将单体纳入群体加以理解，将古城纳入城市体系与自然景观中加以理解，将城市放入区域空间加以理解，这样的设计理念可以较为有效地保证遗址本体的“可理解性”，从而尽量使遗存“不完整性”对理解的影响得到弱化，通过展示、标识、线路设计、资源整合等空间规划手段，尽可能地使受众获得遗址空间的“完整”概念。通过局部展示、标牌设计、地表空间形态标识、步行体系设计、游览线路规划等手段，使遗址本身具有较大的“直观性”和“认知便利性”。

保证遗址的稳定性、安全性

鉴于蜀岗上古城址现有护城河与历史上的城壕河道水面和高程相比有较大变化，当前城壕河道驳岸接近城墙，直接影响城墙本体安全，除城壕河道外，保护城墙本体及相关设施成为本工程的重要内容。因此，本工程具有保护城墙夯土本体和护城河的双重性。

设计本着不对遗址本体进行过多干预的基本原则进行。通过局部加固、修补、土壤保持、植被封护与种属调整、水系结构调整、驳岸结构加固等技术手段，使考古资源获得维系，实现其稳定性。在具体环节的设计中以“安全性”为第一要务。除了强化文物的安全性之外，还要强调对参观者自身安全的保障。

忠于史实、彰显布局、合理展示

在深入研读扬州城相关考古与历史等方面文献的基础上，通过对扬州蜀岗古城历史脉络与结构发展演变的梳理，深化其历史等多方面的价值与城市发展脉络。在遗址完整保存的基础上，实现其利用模式的优化。通过整体设计，从区域大遗址保护（从岗上雷塘到岗下大江）的视野中，将遗址保护与展示纳入到区域遗产保护整体框架之中。协调处理好蜀岗上城廓保护展示与周边景区（瘦西湖、夹城）建设、有关新农村建设的关系。在展示设计中强化其可读性，彰显古代城市规划设计的意图。

设计总体说明

本工程方案的设计总体说明，遵循和基于《唐子城・宋宝城城垣及护城河保护与展示概念性设计方案》（2012）的相关设计，并进一步深化。

整体格局

《唐子城・宋宝城城垣及护城河保护与展示概念性设计方案》（2012）中就蜀岗上城垣和护城河保护整体格局定位为"基于城址价值挖掘分析和重要节点的认定，规划确定本体保护的整体格局为'两城三点，五墙五水'"。

"两城"——唐子城和宋宝祐城，其中唐子城的基础基于春秋战国至汉六朝以来的历代城址，尤其是沿袭了隋江都宫遗存。

"三点"——指南城门（A）、北城门（B）和西城门（C）区域。

"五墙"和"五水"——根据考古发现研究所确定的蜀岗上古城址之五段城墙和五片水域，分别承载了不同时期（特别是唐、南宋时期）的历史信息。

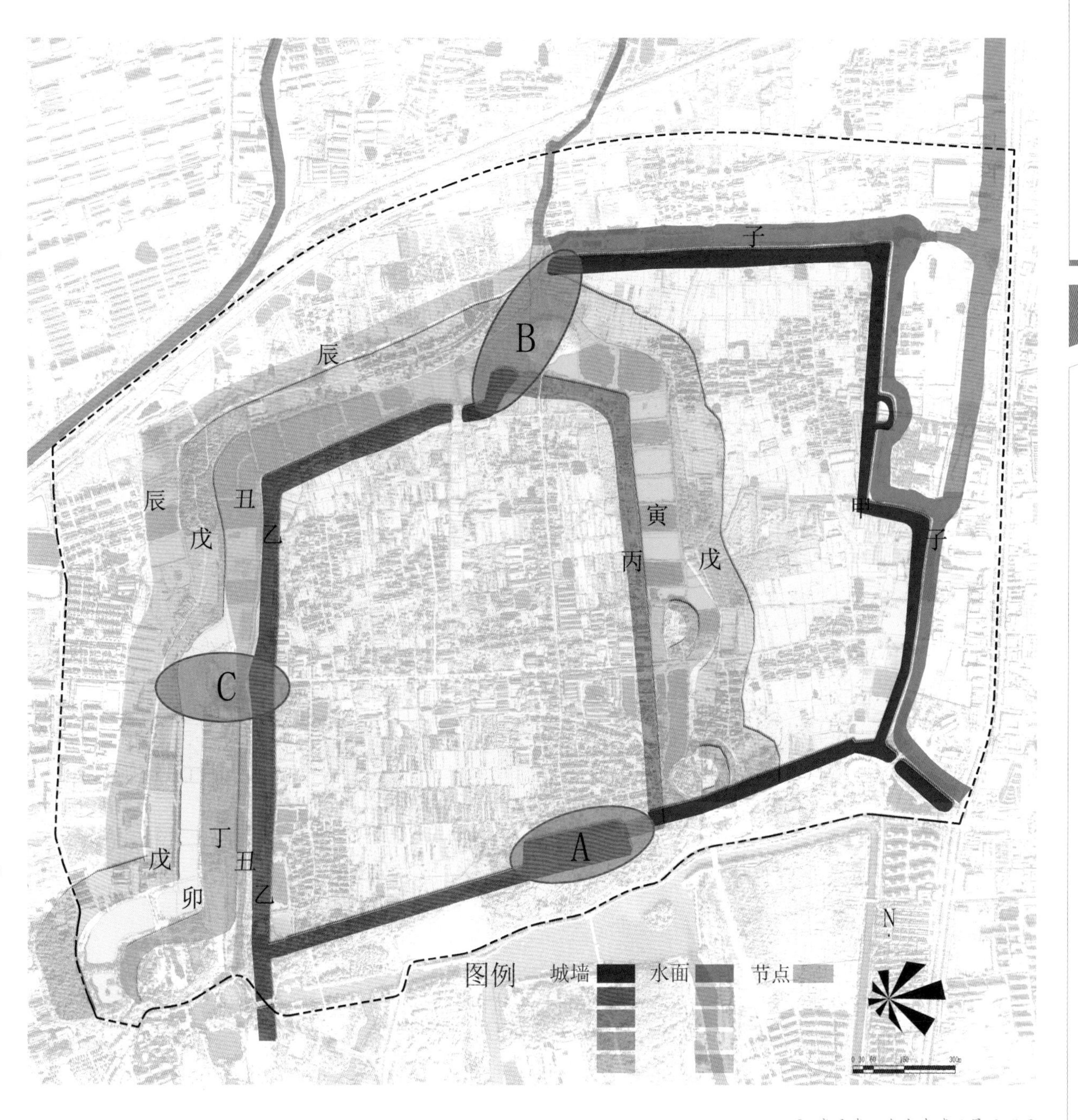

❶ 唐子城・宋宝城遗址展示"两城三点、五墙五水"

"本方案"主要对象为"五水"之子、丑、寅和卯四片水域。所谓"三点"之北城门和西城门以及"五墙"等虽不是本方案重点内容，然皆为重要背景基础。

❶ 纵横布局的基本展示结构意向

❷ 唐子城·宋宝城遗址展示格局“十点四轴”

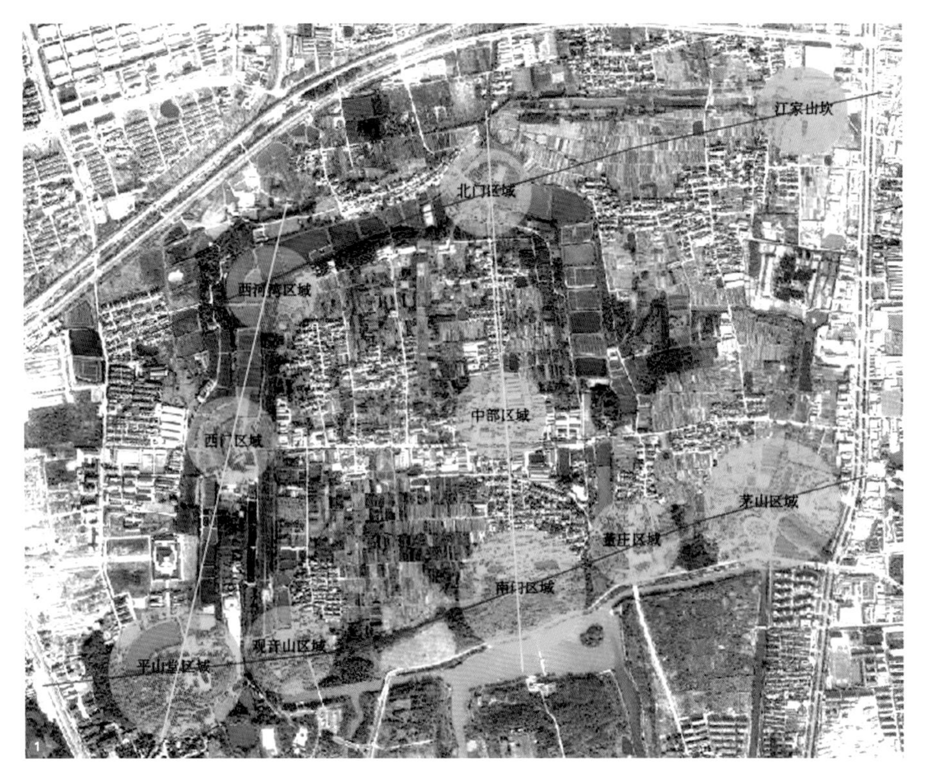

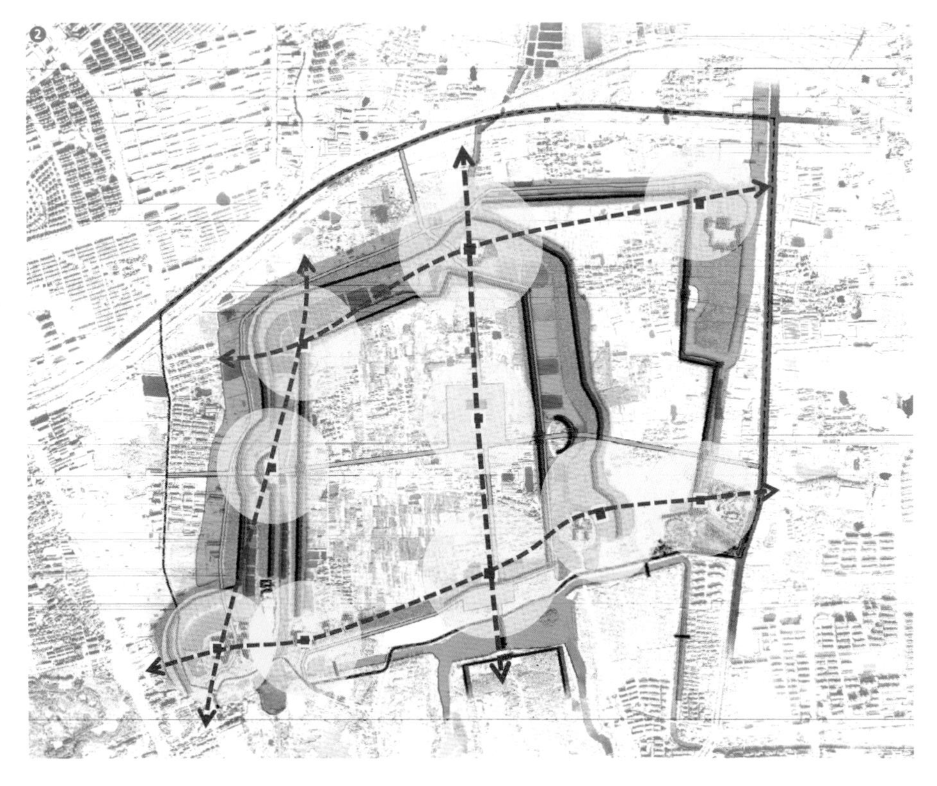

总体结构

《唐子城·宋宝城城垣及护城河保护与展示概念性设计方案》（2012）中“根据遗址的历史文化价值与遗存现状，确定十个重点展示节点，共同构成四条轴线，两横两纵，集中展示蜀岗上城址较为完整的空间格局与深厚的历史文化价值”，简言之，即“十点四轴，两横两纵”的总体结构。其中，“两横”是指沿蜀岗南侧东西一线的南轴和城址北城墙一线的北轴；“两纵”是指城址西城墙一线的西轴，和经过南、北城门的中轴。

“本方案”涉及内容中，除“北轴”和“西轴”相关水域外，还包括宋宝祐城东城墙外护城河水域。总体上，通过“西轴”、“北轴”相关水域和宋宝祐城东城墙外护城河水域，凸显出宋宝祐城相对完整的空间形态和唐子城的初步轮廓。

总体措施（构思）

“本方案”以城墙夯土本体保护及其结构稳定性为前提，合理保护展示护城河水域；以科学分析为基础，筛选和确定护城河水域规模和常规水位高程；优化设计，融水、岸和墙三元素为一体，兼顾空间层次，倾力打造“河谷”带状景观工程。

具体而言：

（1）确定以现有两墙夹一水或墙侧邻水为背景，以现有城壕河岸宽度距离为水平尺度（即代表历史上城墙与城墙间的尺度，以体现城壕河道水面现状尺度），以现有城壕河道水面（塘）底部与残存城墙顶部高差为垂直尺度。

（2）通过实地调查分析和考古资料信息研究结合，确定保护城墙遗址本体及相关遗存安全性的红线，并以红线为基础，参考蜀岗下扬州唐宋城址城墙与护城河间常见距离，设计护城河驳岸边界；通过当前地貌与古地貌比对分析，确定护城河的历史水位高程为近海拔 13 米；进而，综合考虑边坡安全、水体环境安全、人员安全、游船通行能力等因素，界定拟疏浚护城河水深和河底宽度，其中河道中线深度不应低于 1.5 米。

（3）通过降低现有水位高程至接近历史水位，以达到：①保障城墙本体安全和结构稳定；②开辟且拓宽河岸，模拟再现水、岸和墙三位一体的空间关系；③统筹优化空间和环境，打造文化、休闲和旅游精品工程。

（4）为避免水位消落对驳岸的侵蚀，拟对新疏浚的河道驳岸进行固化处理。

（5）建议使用疏浚护城河挖掘出的土方，修补夯土城垣因被破坏而缺失的部分。

景观构成和意境

北轴——包括城址西北城角、北城门区域和城垣东北角江家山坎三个节点。其中，江家山坎区域拟营造“翠堤烟柳映子城”的意境；西北城角区域（即西河湾地带）拟营造“菱潭落日隋宫阙”的意境。北城门区域是隋唐宋三城城墙、城门和水道等纠结交汇之处，也是蜀岗上城址结构与形态最为复杂的地带。“本方案”展示设计以护城河水系为纽带，侧重于勾勒宋宝祐城北城门的空间形态及结构，以及该区域唐子城与宋宝祐城在空间结构上的变化关系。

西轴主体——观音山—西城门及瓮城—西河湾北（即城垣西北城角）一线，以及“平山堂城址”以北区域；具体包括观音山下、西城门、西河湾北3个重要节点，以及西城门连接“平山堂城址”一线，后者是前者的强化和补充。

西轴区域城垣遗迹和护城河之间的高差很大，是城址城防设施最完善、最坚固、保存状况最好的区域，遗存特点是“三河三墙，两城一道”，是扬州城防体系的典型代表和最高体现。其中：“三墙”——宋郭棣·堡砦城西城墙、贾似道·宝祐城西城墙及包平山堂城墙，以及李庭芝·大城城墙；“三河”——三道城墙外侧的护城河；“两城一道”——平山堂城和西门瓮城及中间的连接线。故此，总体景观构成和营造方面，展示重点是规划整理西门地区，展示完整的月城及南侧三城三河的格局，以充分体现宋宝祐城坚固的军事城防设施。

宋宝祐城东城墙外护城河区域，北起北门瓮城（即回民公墓），南至象鼻桥（宋宝祐城东南门与瓮城间“桥涵”）及蜀岗下，主要节点有宋宝祐城东北城角、东门和东南门3个。其中，东城门和东南门并列，距离相近，拟以护城河为背景，营造“双闉骈列守宋疆”的意境。

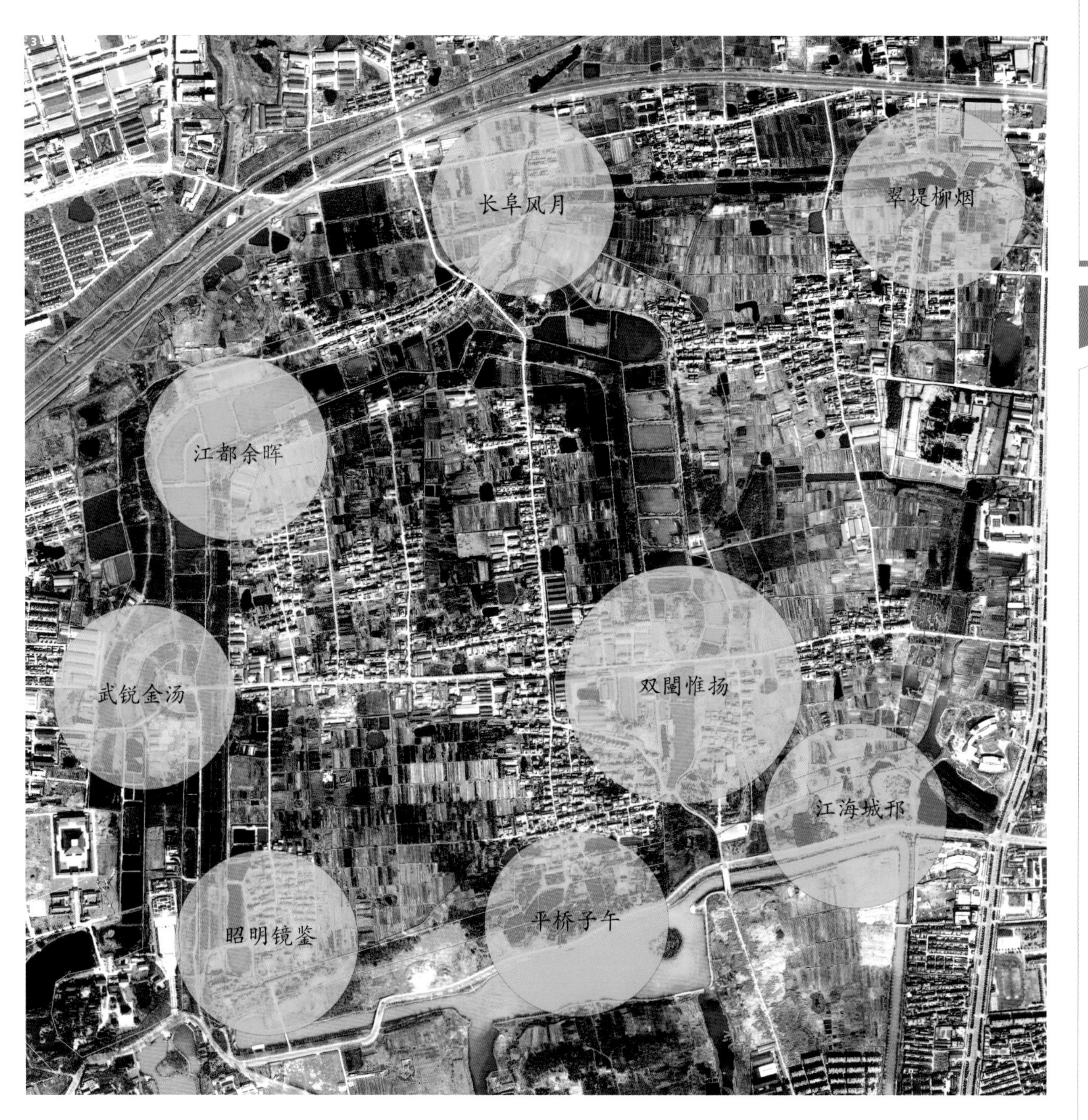

❸“环城八景”位置

护城河常水位的确定

疏浚后护城河的常水位设为海拔 13 米。该水位高程根据以下三个方面的依据确定：地形与水位高程分析、考古勘探与发掘结果、驳岸高程设计和防洪安全需要。

1. 地形与水位高程分析

应用地理信息模型对蜀岗上古城进行水淹没模拟实验分析可见：当水位高程海拔 13 米时，宋堡城内部区域及其周边地区受洪水淹没的威胁最小，当水位高程达到海拔 14 米时，蜀岗上古城外围的东部和北部开始出现受淹区域。随着水位高程升高，淹没区域面积将逐渐增加。当水位高程达到海拔 17 米时，在现状地形条件下蜀岗上古城外围东部和北部将出现大面积淹没区域，同时古城内部也出现受淹面积。当水位高程达到海拔 24 米时，蜀岗上古城将被完全淹没。

从上述水位高程的模拟分析可见，蜀岗上古城护城河的地势高于周围地区，护城河水体对周边用地构成一定的威胁。当护城河水位控制在海拔 13 米时，周围用地所受洪泛威胁最低。

2. 考古勘探与发掘结果

蜀岗上古城的考古勘探和发掘已经证明，除子城东墙中部地带原生土面高程接近海拔 12 米外，沿城墙一带原生土面高程一般在海拔 14~15 米（考古数据可参见本书第一章及第四章）。历史上城壕水面的高程只有低于地表高程才能满足古城的安全要求。据此可推断，城壕水面的历史高程应低于海拔 12 米。因此将护城河的常水位高程设为海拔 13 米（折合废黄河高程系高程约 13.19 米）与蜀岗上古城的考古勘探与发掘结论相符。

3. 设计驳岸和河道水位与防洪安全的关系

综合现状地形条件、土方工程影响范围以及游人亲水游憩的需求等因素，保护方案将改造后的蜀岗上古城护城河驳岸顶标高设为不低于海拔 14 米。综合考虑游览活动的安全性因素驳岸与水面的空间关系、视觉效果、植物生长范围等景观因素以及保水工程造成的常水位浮动变化等因素，护城河的常水位应与驳岸顶部保持不少于 1 米的高差。因此，将蜀岗上古城护城河的常水位保持在海拔 13 米高程处，符合各项因素的综合要求。

护城河水面面积约 90 万平方米，考虑到护城河两岸城墙及周边汇水流入护城河区域总面积约 90 万平方米。根据扬州市气象资料，扬州市历史最高日降水量为 214.2 毫米。在此极端天气下，护城河水面涨幅不超过 500 毫米。因此常水位海拔 13 米情况下，驳岸的防洪安全可以基本得到保证。

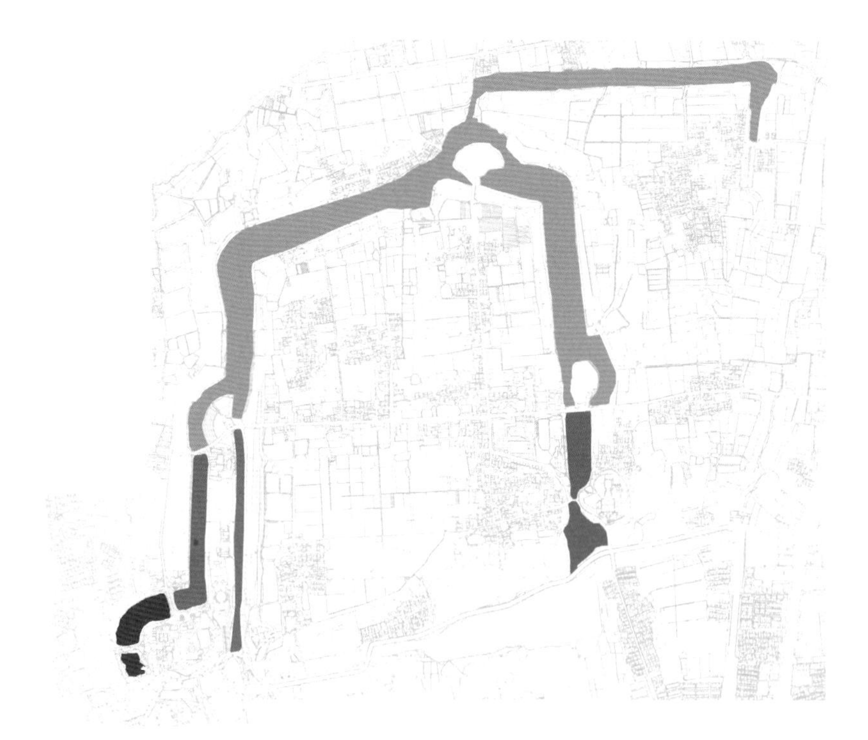

❶ 护城河疏浚工程水位高程设计图

2.3 环境整治工程

工程内容

环境工程整治内容主要有房屋及设施拆迁、污水改线、垃圾清除、鱼塘坝埂拆除、道路整治等，地方相关部门已经先期进行了调查和评估。实施办法中，“本方案”仅提出与本项目实施密切相关的整治项目，具体方法由地方相关部门制定和实施。相关预算标准宜采用地方部门评估分析成果制定。

工程措施

房屋及设施拆迁

房屋拆迁对象包括：直接占压和影响护城河遗址本体的房屋；位于护城河遗址边缘地带、影响护城河遗址保护和展示的房屋等。这些房屋权属和类型包括：居民住宅、工厂、养殖设施（鱼塘、禽畜圈舍等）以及其他建筑用房等。

根据房屋与遗址保护利用关系，确定：（1）占压和直接影响护城河本体保护和展示的房屋及设施优先拆除；（2）根据需要，拟留用部分房屋，取得其所有权，经改造后作为园区服务设施使用；（3）部分建筑，影响护城河遗址保护展示项目实施，同时也是未来城墙保护展示项目实施的拆迁项目，拟提前启动拆除计划。

污水改线

由城内北出北城墙水关，经宋宝祐城瓮城月河向北排往槐泗运河的污水渠，日常有少量水往外排泄。这条渠或许原本为自蜀岗东峰往北的自然河流，历史上被利用为古城址的重要排水设施。护城河的保护改造工程，势必影响该渠道目前的排污功能。（1）这条渠与北城墙水关的关系仍有待考古学研究认证；（2）该排污渠废止后，城内污水排放应统筹规划，改变流向，建议沿堡城路一线设计和建造新的替代渠道。具体规划设计另行实施。

垃圾清除

清除影响护城河保护与展示利用的各类垃圾。

鱼塘坝埂拆除

在护城河故道水域内营建的鱼塘、藕塘、水芹地等，是影响护城河保护和疏浚工程的主要因素之一，应予以拆除，恢复河道部分功能。

道路整治

鉴于蜀岗上古城址的保护利用详细规划尚未制定，对于城内城外的交通及配套服务设施等皆缺乏统筹安排；“本方案”涉及区域内的主要道路皆为正在使用的骨干道路；部分道路与城门和古道路遗存有一定重叠关系；其中，堡城路西出西城门和瓮城，雷塘路北出北城门，两处城门遗址附近的关键地带尚未经考古发掘研究，不清楚古道路、城门、桥涵等的具体信息。

故此，“本方案”涉及的横穿护城河水域的六段现状道路中，属于交通骨干线道路的地段原则上保留现状，如堡城路通过西城门外护城河和瓮城月河段、堡城路通过宋宝祐城东门瓮城南侧东墙外护城河段、雷塘路通过北城门外护城河和瓮城月河段、枫林路通过唐子城东侧护城河段等维持现状。同时，为护城河道游船通行能力考虑，拟改建雷塘路通过北城门瓮城月河段现有桥梁，改造丁魏路穿越唐子城北城墙和护城河的水泥现状路，将跨越护城河的实体道路改为桥涵，双桥并列，其他道路如生产路等，随工程实施逐步废止。

本次交通桥均采用景观拱桥，桥宽均为 8.0 米。交通桥设计荷载标准均为公路—Ⅱ级。桥梁高度不得对遗址景观构成严重影响。

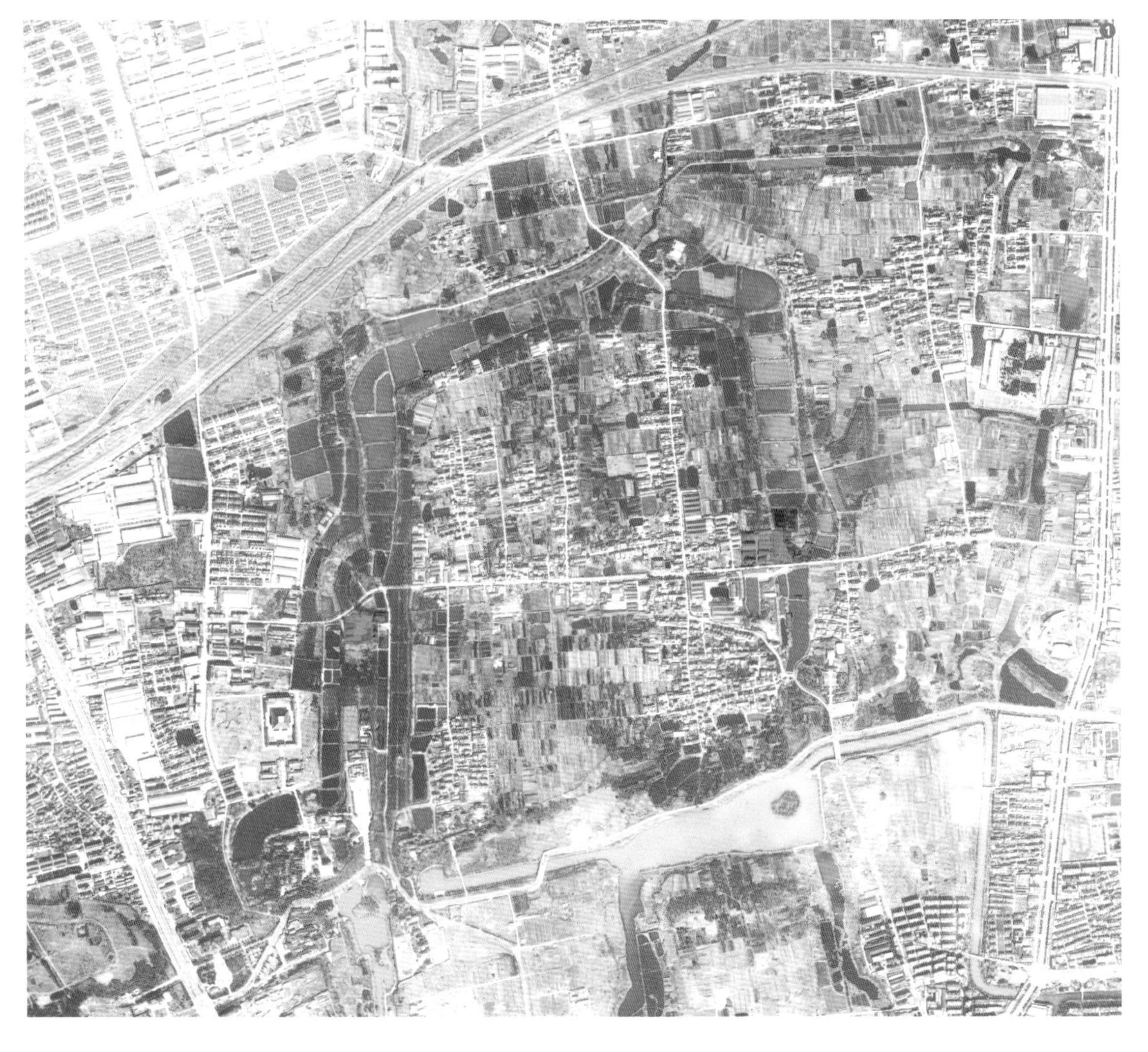

❶ 房屋、道路和桥梁整治

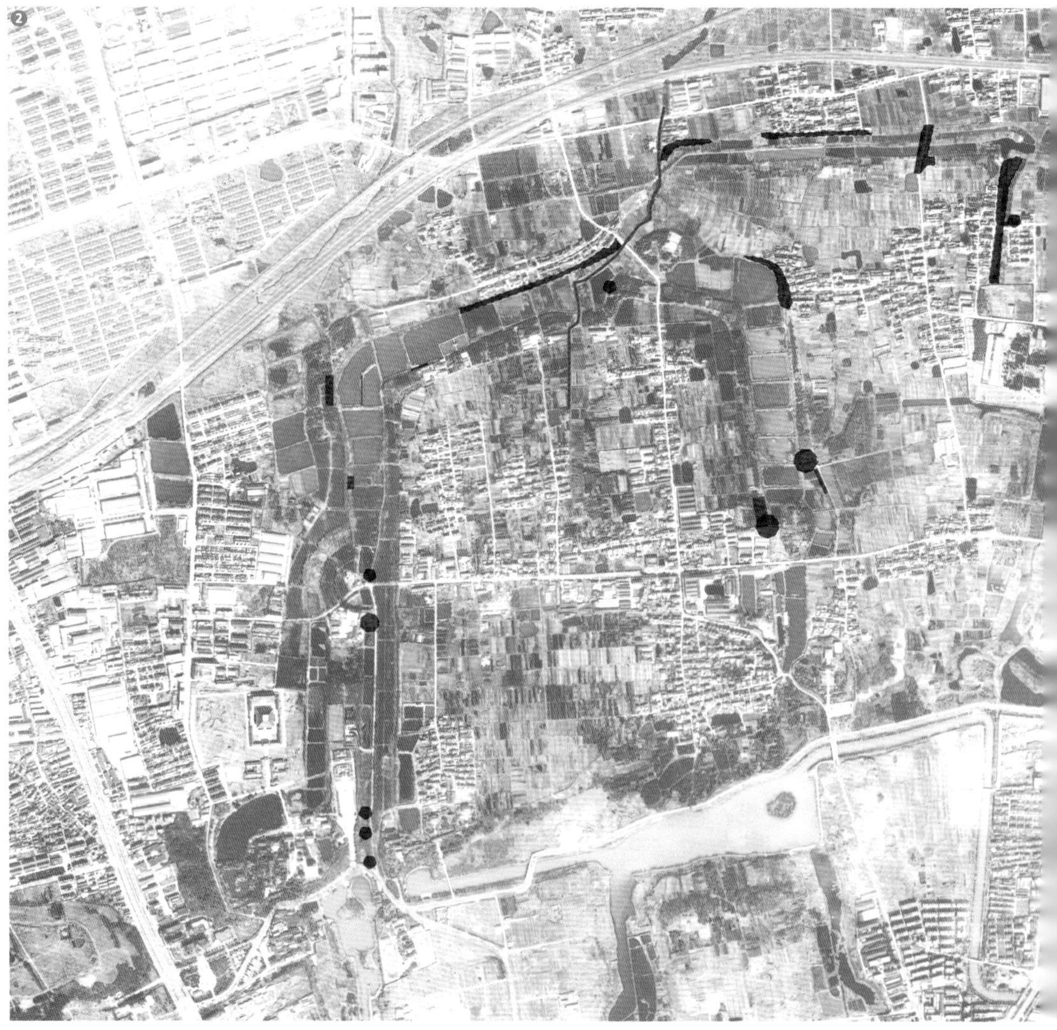

❷ 排污、禽畜饲养区域及垃圾处理重点区域

2.4 保护工程

护城河疏浚保护工程

工程内容

因地理位置和地形高差影响，尤其是现状道路的阻隔，本方案将相关水域划分为五部分，以治理后常水位高低不同而分别编号为Ⅰ、Ⅱ、Ⅲ、Ⅳ和Ⅴ水域，其中水域Ⅰ和Ⅱ为主线。

1. 水域Ⅰ

河道参考桩号A022—A026、B017—B076和C001—C031，全长约4400米，拟定常水位海拔13米。该部分护城河水域开阔，绝大多数现水面宽度在50米以上，多数在100米左右，部分超过130米，是构成蜀岗上城址护城河系统的主要部分。

河道参考桩号B017—B076段长约2900米，护城河自宋宝祐城西城门往北再往东，经宝祐城城北城门绕瓮城外月河后，往东再往南，绕宋宝祐城东门瓮城外月河至其南侧；C001—C031段长约1500米，自宋宝祐城北城门瓮城月河北侧往北，再折向东至江家山坎（唐子城东北城角），再折向南至枫林路北侧。河道参考桩号A022－A026段系宋宝祐城西城门瓮城外之月河。

主线B017—B076段，当前城壕河道水位（2012年6月勘测数据，下文不再解释）高程状况不一，多数地带水位为▽15～▽16米，城壕河道底部高程变化状况与现地表水位高低特征接近，多数地带接近▽14～▽15米，部分地带河底高程接近▽16米。C001—C031段，多数地带当前城壕河道水位为▽14～▽15米，城壕河道底部高程变化状况与现地表水位高低特征接近，多数地带接近▽13～▽14米。

保护疏浚策略为，通过降低现有水位使河床完全暴露，采用开挖的办法疏浚河道。疏浚后的河道，要求河道底部高程不高于海拔11.5米，驳岸高程不低于海拔14米，土方挖掘量约93万立方米。护城河河道驳岸采用草坡坡脚硬化、自然生态状和石材砌护三种方式处理。

河道蓄水达常水位后，正常情况下该水域水量补充方式维持现状，即以降雨为主。雨水稀少和活水置换净化则依靠设计补水泵站补水。

因相关规划和考古工作滞后，暂保留穿越水域Ⅰ的现状干道堡城路、雷塘路、丁魏路和枫林路，改造桥梁1处，新建桥梁2座。改造和新建桥梁前，须先行开展考古发掘工作，以根据考古发掘成果编制的相关专项设计为准。

2. 水域Ⅱ

河道参考桩号B000—B016段，即宋宝祐城西城门至城址西南角（蜀岗中峰观音山下）地段，全长约780米。因蜀岗中峰和东峰岗所致，城墙位于东峰及北侧岗地，护城河从中峰和东峰间穿过，造成河道相对较窄，现存形制最与历史状态接近。又因其南端为蜀岗前沿地带，位置跨蜀岗上下，造成护城河底部高程变化显著。总体上，城壕河道现水面及河底高程由北往南呈降低态势，其中水面最高地带（西城门南侧）水位达▽18米，较低地带水位约▽14米，观音山下临平山堂路北侧处最低，仅为▽ 6.3 米；西城门以南地带河底复杂，高程变化较大，北半段长近 460 米，底部较平缓，高程接近▽ 15.5 ~ ▽ 16 米；南半段跨蜀岗前沿上下，变化较大，高差近 10 米，底部高程分四次逐级降低后，高程由▽ 14.5 米降至▽ 5.7 米。

保护疏浚策略为，在维持现有水位高程及分层次的基础上进行疏浚，主要是借助地势高低层次，修筑不同高度层位的坝体，满足蓄水和景观需求。由北往南，总计分为 5 个层级（含平山堂东路），分坝涵一、保水坝一、保水坝二、保水坝三和平山堂东路及路下现有涵洞共 5 道阻水坝，水位高程分别控制在海拔 17.0 米、15.5 米、14 米、12.5 米和 7 米，最终使得岗上的护城河水注入岗下的瘦西湖（水位高程约▽ 5.7 米）。其中前四组坝顶高程与水位高程相同，具有滚水性质。

参照上述分段要求，各段水域疏浚后要求河道底部高程分别不高于海拔 15.5 米、14 米、12.5 米、11 米和 5.7 米。城壕河道疏浚工程土方挖掘量约 1 万立方米，护城河河道驳岸采用石材砌护方式处理。

坝涵一、保水坝一、保水坝二、保水坝三的设计和建造以及相关地段的城壕河道疏浚前，须先行开展考古发掘工作，工程施工以根据考古发掘成果编制的相关专项设计为准。

该区域水系自成一体，为满足瀑布景观需求，须设计和配套扬水工程，将水从海拔 7 米提升至海拔 17 米，以形成循环。

3. 水域Ⅲ

河道参考桩号 B075—B085 段，即宋宝祐城东城门外南经东南门外（象鼻桥）地带至蜀岗下平山堂东路地段，全长约 540 米。河道区位与水域Ⅱ南端相近，系蜀岗前沿位置。

因考虑到未来与水域Ⅱ的连通性和适航性，结合地质和水体条件许可，拟将：

（1）北半段（河道参考桩号 B075—B081）约 301 米长地段水位高程由当前的约▽ 15 米降至海拔 13 米；以现有河底高程约▽ 13.5 米为基础，适当进行铺垫处理以抬高至海拔 14 米为未来驳岸高程，新开挖疏浚的河底高程不高于海拔 11.5 米。象鼻桥为坝涵和桥梁合一工程，出于阻水和泄洪考虑，改造现有象鼻桥和其下方的坝涵二，增强其牢固程度。

（2）南半段（河道参考桩号 B081—B085）长约 230 米，总体上位于蜀岗前坡地带，现状河道位于西侧，紧靠岗地边缘，以东为较为开阔的低洼地，2000 年以前地图显示该地带多为水面，整体景观构想是以瀑布、湿地为主。疏浚治理策略为加固河道边坡，保持现有地形地貌，移去高大乔木，去除灌木杂草，打通视觉廊道，营造湿地环境。坝涵二前约 40 米处为蜀岗前沿陡坡，高差近 6 米。拟利用地势陡坡，在象鼻桥阻水坝前（南）约 40 米处修建保水坝四，形成跌水瀑布景观，并在该区域营造湿地景观。

坝涵二和保水坝四的设计和建造，以及相关地段的城壕河道疏浚前，须先行开展考古发掘工作，工程施工以根据考古发掘成果编制的相关专项设计为准。

本段水域城壕河道疏浚工程土方挖掘量约 5 万立方米，护城河河道驳岸采用草坡坡脚硬化方式处理。

4. 水域Ⅳ

河道参考桩号 A007—A020 段，即宋平山堂城遗址北侧—宋宝祐城西城门瓮城地段，全长约 590 米。主要措施为边坡保护、去除鱼塘堤埂以沟通水面，维持整个水域基本通畅和水位现状。

5. 水域Ⅴ

河道参考桩号 A000—A007 段，即宋平山堂城遗址西侧地段，全长约 350 米。主要措施为边坡保护、去除鱼塘堤埂以沟通水面，维持整个水域基本通畅和水位现状。

工程措施

详见表 1-2 ~ 表 1-5。

工程做法

详见 2.5 展示工程。

河道参考桩号B017~B088、A022~A026河段保护展示工程信息表　（单位：米）

表1—2

项目		对照内容				
区位和编号	与遗址关系	宋宝城东南门南以南	宋宝城东南门—东城门外	宋宝城东城门—北城门外	宋宝城北城门—西北城角外	宋宝城西北城角—西城门外
	现地名	象鼻桥南—平山堂东路	象鼻桥—东门	东门—回民公墓	回民公墓—西河湾	西河湾—西华门
	现状调查编号	寅 B15	寅 B14	丑 A12、 寅 A1~ 寅 A2、 寅 B1~ 寅 B13	丑 A1~ 丑 A11	丑 B9–2~ 丑 B14、卯 A1
	河道参考桩号	B081~B085	B075~B081	B047~B075	B030~B047	A020~A026 B016~B030
护城河现状基本信息	河道长度	230	310	1290	950 m	600+330
	河面宽度	87~150	27~91	117~135	84~135	94~131
	水位高程		▽ 15	▽ 15.5	▽ 15~ ▽ 16	▽ 15~ ▽ 16.5
	河底高程	▽ 12~ ▽ 5	▽ 13.5	▽ 14	▽ 14	▽ 14.2~ ▽ 15
护城河保护信息（一）：治理措施	考古勘探城垣夯土与保护红线间距		4~10	3~10	3~10	6~10
	保护红线与拟治理护城河驳岸线间距	10~40	2~20	5~20	5~12	6~15
	拟治理护城河驳岸线与常水位线水平间距			5~20	3~10	4~15
	整治和保护内容					
护城河保护信息（二）：治理后状况	拟治理河面宽度		20~50~90	35~90~130	35~60~100	30~50~100
	拟常水位水面宽度			20~60~100	22~40~80	22~50~80
	拟治理河底宽度		11~60~68	13~50~80	11~40~70	8~40~70
	拟治理驳岸高程不低于		海拔 14	海拔 14	海拔 14	海拔 14
	拟治理水面高程	随势	海拔 13	海拔 13	海拔 13	海拔 13
	拟治理河底高程不高于	现状	海拔 11.5	海拔 11.5	海拔 11.5	海拔 11.5
护城河保护信息（三）：整治和保护项目	环境整治	移去高大的乔木，去除灌木和杂草	拆除相关建筑；改造现有人工岛及相关设施	清理清运垃圾；拆除鱼塘堤坝；拆除相关建筑；去除灌木和杂草；改造位于东城门瓮城以北的建筑作为服务设施；不截断改造堡城路，维持其当前状态	清理清运垃圾；拆除鱼塘堤坝；拆除相关建筑；去除灌木和杂草；改造现豆腐坊建筑作为服务设施；雷塘路基本维持其当前状态，以考古发掘成果为依据，改造现有桥梁以利于游船通过	清理清运垃圾；拆除鱼塘堤坝；拆除位于相关建筑；去除灌木和杂草；不截断改造堡城路，维持其当前状态
	保护工程	整治和加固位于西侧的河道底部及边坡；修建保水坝	保护加固河道边坡；以考古发掘成果为依据，改造象鼻桥，具通行、阻水和泄洪功能	河道西侧边坡加固	河道边坡加固；北墙水关处进行考古发掘并据此单独设计保护和展示方案	河道边坡加固，尤其宋宝城西城门外道路北侧护城河区域，并建设栏杆等防护设施
	展示利用	利用象鼻桥坝涵的改造，在北端坡势较陡处营造跌水瀑布；改造成湿地景观	与唐城人家和汉墓博物馆等结合，形成遗址南侧的服务、休闲区。景观以湖光山色，水中曲径通幽为主	在宋宝城东城门瓮城东北部护城河外侧修建游船码头；与预留建筑共同形成服务设施区，兴建观景平台和水上曲桥	修建游船码头三处；利用豆腐坊建筑建设服务设施；兴建观景平台	修建游船码头一处
	水源补给	详见《河道参考桩号 C000~C031 河段保护展示工程信息表》				
	泄洪	详见《河道参考桩号 C000~C031 河段保护展示工程信息表》				
备注		河道水位下降后，用开挖河道产生的土方铺垫休整驳岸和机动车路基，并按相应设计方案修补城垣缺损。因瀑布需要，象鼻桥—东门地段水采取扬水蓄积式，以满足内循环需求				

河道参考桩号 C000~C031河段保护展示工程信息表　（单位：米）

表1—3

项目		对照内容		
区位和编号	与遗址关系	宋宝城北城门瓮城北—唐子城北墙东段西端	唐子城北墙东段西端—东北城角外	东北城角外—唐子城东城门北
	现地名	回民公墓北～尹家桥南	尹家桥南—江家山坎	江家山坎—枫林路北
	现状调查编号	丑 A13	子 A1~ 子 A6	子 A7
	河道参考桩号	C000~C004	C004~C026	C026~C031
护城河现状基本信息	河道长度	190	1060	260
	河面宽度	19~33	66~70	40~70
	水位高程	▽ 13	▽ 14~ ▽ 15	▽ 15
	河底高程	▽ 11.5~ ▽ 12	▽ 13~ ▽ 14	▽ 14
护城河保护信息（一）：治理措施	考古勘探城垣夯土与保护红线间距	5~10	4~7	4~7
	保护红线与拟治理护城河驳岸线间距	2~3	2~5	1~2
	拟治理护城河驳岸线与常水位线水平间距	1~3	4~10	2~4
护城河保护信息（二）：治理后状况	拟治理河面宽度	18~23	50~65	27~78
	拟常水位水面宽度	13~22	40~60	10~25
	拟治理河底宽度	7~15	10~30~60	2~17
	拟治理驳岸高程不低于	海拔 14	海拔 14	海拔 14
	拟治理水面高程	海拔 13	海拔 13	海拔 13
	拟治理河底高程不高于	海拔 11.5	海拔 11.5	海拔 11.5
护城河保护信息（三）：整治和保护项目	环境整治	清理清运垃圾；去除灌木和杂草；拆除相关建筑和设施	清理清运垃圾；拆除鱼塘堤坝；引水渠大部分拆除，少部分存留以改造；拆除相关建筑；拆除东段南北向水泥路，兴建串联状分布的桥梁两座。去除灌木和杂草	清理清运垃圾；拆除鱼塘堤坝；拆除相关建筑；去除灌木和杂草
	保护工程	河道边坡加固；尹家桥南设计修建泄洪闸	护城河边坡加固保护	护城河边坡加固保护
	展示利用	在宋宝城北城门瓮城北月城北侧修建跨河桥，要求简易、古朴，满足游人步行通行	兴建游船码头和观景平台；利用预留的引水渠打造水中洲岛和景观长堤	利用北端三角洲造景
	水源补给	正常情况下雨水补给并维持，定期补水设置有专用远程补水管线和泵站，补水口位于唐子城东侧		
	泄洪	整个系统泄洪口设置有三个，其一为尹家桥南，设置泄洪闸；其二为象鼻桥处阻水坝涵二；其三为竹园公墓处阻水坝涵三（二期工程）。前者往北将洪水泄入现有河道，流至槐泗运河；后二者都将洪水往南引致蜀岗下。在后二者尚未建成或充分发挥作用的前提下，尹家桥南泄洪闸将是主要泄洪口		
备注		河道水位下降后，用开挖河道产生的土方铺垫修整驳岸和机动车路基，使驳岸高程不低于▽ 13.5 米，并按相应设计方案修补城垣缺损		

河道参考桩号 B000~B016河段保护展示工程信息表（单位：米）

表1—4

项目		对照内容		
区位和编号	与遗址关系	宋宝城西城门—蜀岗中峰下		
	现地名	西华门—一级坝涵	一级坝涵—三级坝	三级坝—平山堂东路
	现状调查编号	丑 B5~ 丑 B9–1	丑 B2~ 丑 B4	丑 B1
	河道参考桩号	B007~B016	B002~B007	B000~B002
护城河现状基本信息	河道长度	460	240	83
	河面宽度	33~36	20~33	45~53
	水位高程	▽ 17~ ▽ 18	▽ 15.5 ~ ▽ 13.7~ ▽ 12	▽ 6.3
	河底高程	▽ 15.5~ ▽ 16	▽ 14.5~ ▽ 13.5~ ▽ 11	▽ 5.7
护城河保护信息（一）：治理措施	考古勘探城垣夯土与保护红线间距	12~35	16~20	—
	保护红线与拟治理护城河驳岸线间距	6	1~3	2
	拟治理护城河驳岸线与常水位线水平间距	3	2~3	2~5
护城河保护信息（二）：治理后状况	拟治理河面宽度	26	18~27	19~40
	拟常水位水面宽度	18	15~22	17~29
	拟治理河底宽度	10~16	11~17	10~22
	拟治理水面高程	海拔 17	海拔 15.5~14~12.5	海拔 7
	拟治理河底高程	海拔 15.5	海拔 14~12.5~11	海拔 5.7
护城河保护信息（三）：整治和保护项目	环境整治	清理清运垃圾；拆除鱼塘堤坝；拆除相关建筑；拆除鱼塘水泥护坡；去除灌木和杂草；移去部分高大乔木	清理清运垃圾；拆除鱼塘堤坝；拆除相关建筑；拆除鱼塘水泥护坡；去除灌木和杂草；移去部分高大乔木	去除和清运垃圾；去除灌木和杂草；移去部分高大乔木，整治平山堂路北侧路肩，修建防护栏
	保护工程	护城河边坡石材砌护加固保护；南端修建保水涵坝	护城河边坡石材砌护加固保护；在三级阶地的南侧，各修建保水坝一座，共三座	护城河边坡石材砌护加固保护
	展示利用	利用保水涵坝形成第级跌水瀑布	利用三级保水坝形成三级跌水瀑布	
	水源补给	正常情况下雨水维持；瀑布景观需人工干预，自蜀岗下扬水，形成局部内循环	正常情况下雨水维持；瀑布景观需与上级联动	正常情况下雨水维持；瀑布景观需与上级联动
	泄洪	阻水坝泄洪口排泄	水位漫过坝顶下泄	阻水坝泄洪口排泄
备注		以考古发掘成果为依据，进行各坝体设计		

河道参考桩号A000~A020河段保护展示工程信息表　（单位：米）

表1—5

项目		对照内容	
区位和编号	与遗址关系	宋平山堂城遗址西侧	宋平山堂城遗址北侧—宋宝城西城门瓮城
	现地名	大明寺和平山堂西侧	大明寺北—西华门
	现状调查编号	卯A6~卯A7	卯A2~卯A5
	河道参考桩号	A000~A007	A007~A020
护城河现状基本信息	河道长度	350	590
	河面宽度	90~107	50~100
	水位高程	海拔19~20	海拔18
	河底高程		
护城河保护信息（一）：治理措施	考古勘探城垣夯土与保护红线间距	不明	11~20
	保护红线与拟治理护城河驳岸线间距	不明	1
	拟治理护城河驳岸线与常水位线水平间距	不明	3
护城河保护信息（二）：治理后状况	拟治理河面宽度	60~90	50~70
	拟常水位水面宽度	60~90	45~60
	拟治理河底宽度	现状	35~55
	拟治理水面高程	现状	现状
	拟治理河底高程	现状	现状
护城河保护信息（三）：整治和保护项目	环境整治	去除灌木和杂草；保留大明寺通往鉴真纪念堂间的道路	拆除鱼塘堤坝；去除灌木和杂草
	保护工程	维持现状	维持现状
	展示利用		
	水源补给	雨水	雨水
	泄洪		
备注			

护城河水位保持工程

当前，蜀岗上古城址护城河水系因地形关系，除宋宝祐城北门瓮城东北经尹家桥排向槐泗运河的河道（这是条古河道）外,其余西、中和东三线南北向主河道皆随地势，由北往南排泄。故此，本工程排水出路除北向外，其余均设在三线最南端与平山堂东路交汇处，西线及中线的排水均接至平山堂东路下的现状涵洞。

本工程各保水坝涵和保水坝的建造地点，也是历史信息比较富集和敏感地带，其设计和建造须先行开展考古发掘工作，工程施工以根据考古发掘成果编制的相关专项设计为准，本项目相关设计具有参考作用。

本工程涉及保水坝涵、保水坝、泄洪闸和补水站等的具体规制和要求，应由水利部门按照相关标准进行专项设计。

工程内容

根据区域北高南低的地势分布、排水流向的布局以及景观设计的需要，工程分别在河道西线观音山北侧设保水坝涵一（即西线一级瀑布，位于河道参考桩号 B007 处，保水水位为海拔 17.0 米）、中线象鼻桥下设保水坝涵二（即中线一级瀑布，位于河道参考桩号 B081 处，保水水位为海拔 13.0 米）及东线茅山公墓处设保水坝涵三（即东线一级瀑布，属二期项目，位置待定，保水水位为海拔 13.0 米）进行保水，坝顶滚水水位保持 10 厘米左右。同时，西线在保水坝涵一南侧一线，连续设保水坝三座，其中保水坝一，即西线二级瀑布，位于河道参考桩号 B005+20；保水坝二，即西线三级瀑布，位于河道参考桩号 B003+30；保水坝三，即西线四级瀑布，位于河道参考桩号 B002。中线象鼻桥南结合陡坡加固处理，建保水坝四，即中线二级瀑布，位于河道参考桩号 B081+40。

保水工程措施

1. 保水坝涵一

保水坝涵一，即西线一级瀑布，位于河道参考桩号 B007 处。顶高程为海拔 17 米，坝顶宽为 2.0 米，坝高为 1.1 ~ 2.4 米，坝轴线长为 45 米；保水坝坝中设一道直径为 ϕ0.6 米、长 14 米的涵管，该涵洞采用 0.60 米 ×0.60 米铸铁平板闸门（设计水头差 2.0 米）控制，30kN 电动液压启闭机启闭。

2. 保水坝一

保水坝一，即西线二级瀑布，位于河道参考桩号 B005+20 处。坝顶高程为海拔 15.5 米，坝顶宽为 2.0 米，坝高为 1.2 ~ 2.2 米，坝轴线长为 46 米。

3. 保水坝二

保水坝涵二，即西线三级瀑布，位于河道参考桩号 B003+30。坝顶高程为海拔 14 米，坝顶宽为 2.0 米，坝高为 1.2 ~ 2.9 米，坝轴线长为 50 米。

4. 保水坝三

保水坝涵三，即西线四级瀑布，位于河道参考桩号 B002。坝顶高程为海拔 12.5 米，坝顶宽为 2.0 米，坝高为 1.6 ~ 6.8 米，坝轴线长为 50 米。

5. 保水坝涵二

保水坝涵二，即中线一级瀑布，位于河道参考桩号 B081 处。坝顶高程为海拔 13 米,坝顶宽为 4.0 米,坝高为 1.5 米,坝轴线长为 50 米，其余所有设计参数均同保水坝涵一。

6. 保水坝四

保水坝四，即中线二级瀑布，位于河道参考桩号 B081+40。保水坝坝顶高程为海拔 12.4 米，坝顶宽为 2.0 米，坝高为 0.5 ~ 5.4 米，坝轴线长为 40 米。

7. 泄洪闸

泄洪闸位于河道参考桩号 C005 处护城河外，具体数据应由水利部门依据泄洪量需求设计。

2.5 展示工程

展示总体设计

设计构思

宋宝祐城与唐子城护城河水系内含丰富的历史文化价值，与城墙遗址形成有机整体。护城河水系的历史文化价值发掘与展示以考古发掘和历史文献研究成果为基础，根植于对宋宝祐城、唐子城历史文化价值的整体性认识之中。历史文化价值与古城遗址的空间形态存在紧密的内在联系，展示工程旨在通过规划设计手段梳理河流、驳岸、道路、建筑、植被等空间要素，强化内在历史价值与外部空间形态的对应，运用现有的空间结构诠释历史信息，展示文化价值。

展示主题

1. 整体风貌

从蜀岗—瘦西湖景区区域着眼，该区域内水系随历史发展而逐渐形成各具风貌的不同区块，蜀岗上城址护城河水系与瘦西湖水系、宋夹城护城河水系等区块相比，具有自身的突出特点。瘦西湖水域形成了明显的“湖上园林”特色，水面蜿蜒开合，桥亭廊榭点缀其间，花木掩映，景色秀美；宋夹城护城河水系与城廓相依，岸线齐整、水系贯通，呈现典型的人工水系特征。而蜀岗上城址护城河水系与二者相比，呈现出水面开阔、景色壮美，水依城绕、水依山行，水随时变等特点。这种整体风貌的形成是宝祐城历史变迁的结果，当作为展示主题之一。

2. 水系与城墙关系

蜀岗上城址护城河水系与城墙遗址紧密结合，是蜀岗上古城的有机组成部分。其水系的形态直接反映了城墙发展的历史过程，内含扬州城市发展的文化价值。因此，对护城河水系的梳理和改造不应脱离古城的空间结构，尤其是城墙遗址与护城河水系的相依关系。护城河水系的景观效果不仅应该展示自身的特点，而且应该起到有效界定古城范围与衬托城墙的作用。因此，护城河水系与城墙的关系，也应该作为展示的主题。

3. 自然生态

从城市格局看，宋宝祐城、唐子城护城河水系位于扬州市北部，该区域的城市建设发展已经得到控制，自然环境良好，有条件发展成为郊野公园以完善城市生态系统。从护城河水系的现状自然条件看，该区域以鱼塘、农田和苗圃等土地利用形式为主，自然环境受到较好的保护。经过河道疏浚和改造后，该区域的自然环境将得到进一步保护和恢复，沿岸的绿化种植和生态湿地建设将形成改善自然生态环境的成果。借此成果，古城周边的自然生态环境将得以优化。

展示方式

上述展示主题将通过风景营造和体验引导的方式加以展示。风景营造的方式即通过规划设计，梳理河道，整合空间要素，突出展示主题，营建景点，提升空间节点的景观品质，形成宜人的风景。体验引导的方式即凝练历史文化信息，以景名和文化遗产解读等方式为景点和风景点题，引导游览者在风景中体验历史文化内涵。

景观效果

经过整治改造后，唐子城、宋宝祐城护城河水系将形成以水面、地形、植被等要素为主的郊野景观，辅以游船码头、游览步道、滨水栈道、亲水平台、观景平台等与整体景观风貌相协调的服务设施。该水系沿线型河道划分为不同的分区，各分区设置相应的景点形成各具特点的景观效果，如宋宝祐城西门及瓮城区域形成“三城夹两水”的景观结构，体现军事要塞遗址的景观效果；宋宝祐城西北角形成开阔水面与城墙、角楼相结合的“菱潭落日”意象，呈现人文景观与自然风景交相辉映的景观效果；唐子城段护城河保持部分现河面中部土堤与现状树木，沿堤栽植柳树，形成“翠堤烟柳映城郭”的景观意象，形成特色植物景观等。各分区的景观特色在主要展示节点处得到最为充分的体现。

主要展示节点设计

节点一：观音山下

观音山下的展示节点是蜀岗上城址护城河水系与瘦西湖水系的转换连接处，此处最为突出的特点是高差的明显变化。此处高差的变化体现在两个方面：一方面是两重城墙夹持下护城河水面与城墙的高差对比；另一方面是蜀岗上城与瘦西湖水系间的高差变化，此处的高差变化通过瀑布跌水和“双峰云栈”景点体现出来。在水系调整方面，本方案将根据该段水系的现状水位和驳岸的现有形态，增建保水坝和漫水坝，结合园林设计，形成多层级的跌水景观。

根据《扬州画舫录》记载，该地段曾是著名的“双峰云栈”景点所在地。

节点二：宋宝祐城西门

宋宝祐城西城门区域保留有形态完整的瓮城、多重城墙及其护城河，展现出“固若金汤三重墙”的景观意象。该节点的设计内容主要体现在三个方面：(1) 调整水系结构，对瓮城及其以北的河道进行清淤，降低常水位线至接近历史水位的▽ 13 米高程。(2) 采用毛石浆砌的做法加固岸坡，形成最高达 6 ~ 7 米的挡土墙护岸，强化城墙与水岸间的高差变化，突出城墙高耸的空间形态。(3) 新建游船码头及步行坡道，形成水路游线与陆路游线的转换节点。沿坡道可直接从水面抵达城墙西城门，体验瓮城和城墙的高差变化。在道路外侧的护坡顶端设置有安全护栏，保护游人的安全性。护坡坡脚位置则种植有挺水植物，起到软化界面、丰富景观的效果。

节点三：西河湾

西河湾是护城河转弯的区域，此处水面宽阔，水面形态由线型的河道放开呈现湖泊的形态。自此向东，向南都有丰富的对景，尤其向南望时可以清晰地感知西城门瓮城、三重城墙与护城河的关系。

该节点的设计主要方面在于，结合现有地形和水系调整形成了接近水面高程的亲水观景平台和位于场地制高点的高岗观景平台。亲水观景平台为游人提供了近距离体验护城河水系的平台以及从低视点观赏城墙的位置。亲水平台顺河流转弯的地势，被设计成弧形，可以引导游人的视线，突出展示护城河与城墙的空间关系。北侧土垄上高岗观景平台（昔日靶场，土台高程▽ 26 米）则利用地形，形成可以俯瞰全景的观赏位置。

西河湾南岸结合驳岸改造，增设“菱潭码头”，一方面丰富岸线变化，增加景观层次，另一方面进行点题，突出“菱潭落日”的历史文化背景。

节点四：北水关

北水关节点的展示重点是城墙北部的宋宝祐城北水关区域。在设计中，护城河北岸设置了游船码头及附属的滨水栈道，在实现水路游线与陆路游线转换的同时，为游人提供了滨水观景平台。此观景平台的对景就是宋宝祐城的北水关。从该观景平台南望，整个北城墙遗址的轮廓可以全景式地展现出来，北水关处城墙走势的变化突出了水面空间的变化，强调了展示的重点。

节点五：宋宝祐城北门

宋宝祐城北城门区域既是古城空间结构中重要的节点，又是沟通城墙内外的交通节点，各种用地相交叠，河道宽窄变化强烈，现状条件比较复杂。该节点的设计主要在于梳理各种现状条件之间的关系，满足使用功能，保护古城的历史文化价值。

北城门瓮城西侧城墙和河流走向的变化蕴含历史上的地理信息，具有历史价值。因此该节点在设计时，通过驳岸改造、改建桥梁、加建游船码头等措施保持并强调了河道的走向。同时设计改造了瓮城东侧的水岸线，将河岸线向内延展，形成更加完整的环绕瓮城的水面，从而可以通过水形勾勒出瓮城的形态。由于水形改变而形成的驳岸部分，结合现状荷塘的特点被改造为生态湿地，辅以亲水栈道，形成生态湿地景点。保留北门西侧的老建筑并将其改造为北门服务区，以保护历史风貌，并完善景区的服务功能。

节点六：宋宝祐城东门

宋宝祐城东城门区域的特点和背景是东城门和东南城门（现汉墓博物馆）两座瓮城并立，形成“双阙骈列”的景观意象。由于东南门瓮城已经被公共建筑压占，且该处护城河已经淤塞，暂难以恢复瓮城原有的空间形态，因此东城门保存相对完整的瓮城被突显出来。此处设计了环绕瓮城的水面，突出了东门瓮城的意象。在保护东门瓮城独立完整的同时，护城河东岸现存的老建筑被改造成东门服务区，此处与新建的游船码头及滨水平台结合，通过水岸上的游览步道和整个景区联通，将成为蜀岗上古城护城河整体区域的门户。

节点七：象鼻桥

宋宝祐城东门瓮城与东南城门之间的水面经梳理后，结合现状条件形成旅游服务区和生态湿地。旅游服务区借助现唐城人家酒店及相关餐饮服务设施改造，同时利用鱼塘改造为内部滨水园林。其南部的生态湿地是该部分水系的延伸，与现有的游线系统相对脱离，可较少地受到游人活动的干扰，适宜作为以生态价值为主要取向的生态湿地。旅游服务区和生态湿地二者共同构成东南城门瓮城的背景依托。

节点八：江家山坎

江家山坎即唐子城东北城角，该地区集中体现了唐子城北城墙东段及其护城河的空间关系。数十年前因农村地界划分和农业生产活动需要，在河中心形成了大规模的土埂（引水渠基础），其上生长有体量较大的树木，具有较好的自然环境条件。该节点的设计结合现有地形，形成水中长洲和岛屿，现有树木宜被保留。此外，设计增设游船码头、亲水平台，并改造道路系统增建步行桥梁，营造河道景观。最为重要的是，在长洲及护城河北岸遍植垂柳，沿河道形成绿色界面，与城墙呼应，形成“翠堤烟柳映子城”的意境。

驳岸工程设计

工程内容

蜀岗上城址护城河的驳岸改造根据地形特点和利用形式的要求，采取四种工程形式。除前文所述的岸坡加固工程外，还包括毛石砌护驳岸、坡脚硬化驳岸和生态驳岸三种形式。驳岸工程总长度约15千米，其中结合挡土墙建造的毛石砌护驳岸约2.7千米，进行地形改造及坡脚硬化的驳岸长度约5.9千米，生态驳岸为3.5千米。

工程措施

驳岸工程的实施采取土方整理、岸坡改造、挡土墙砌筑、表面绿化及地表水导排等工程措施。

工程做法

毛石砌筑驳岸的做法为:底层表土夯实,其上 50 毫米厚中砂找平,铺设防水膨润土层,110 毫米宽,450 毫米高毛石浆砌基础,墙体高度 1200 毫米,超出常水位 200 毫米。高于 1200 毫米墙体的部分,需进行岸坡加固,并按挡土墙施工要求设计工程做法。

坡脚砌护的做法为:底层表土夯实,其上 50 毫米厚中砂找平,铺设防水膨润土层,M5 水泥砂浆,MU30 毛石砌筑,30 毫米厚水泥砂浆找平层,上铺 1:3 干性水泥砂浆粘结层,80 毫米厚毛石盖顶。基础 110 毫米宽,450 毫米高 M5 水泥砂浆,MU 毛石浆砌,墙体高度不超过 1200 毫米,超出常水位 200 毫米。

生态驳岸的做法为:底层表土夯实,50 毫米厚中砂找平,铺设防水膨润土层,500 毫米厚种植土回填,碾压密实。

注意事项

具体施工建设前,需按照相关标准和规范进行专门的施工图设计。

道路工程设计

工程内容

蜀岗上城址护城河沿岸交通系统以新建道路为主,道路系统包括作为主路的 4 米宽混行道路、起辅助功能的 1.5 米宽游览步道、2 米宽的滨水栈道。其中主路长度约 6.5 千米,游览步道长度约 1.0 千米,滨水栈道长约 4.6 千米。

工程措施

铺设主路需拆除原有路面,加固道路基础,铺设新的道路路面。架设滨水栈道需进行土方平整,打桩立基础,铺设龙骨,铺设路面。建设游览步道,需进行土方平整,铺设道路基础,铺设道路路面。

工程做法

主路工程做法:底层素土夯实,150 毫米厚 3:7 灰土垫层,150 毫米厚混凝土,上铺道路面层。

滨水栈道做法:底层素土夯实,150 毫米厚 3:7 灰土垫层,150 毫米厚混凝土,50 毫米 ×50 毫米木龙骨,30 毫米 ×150 毫米防腐木地板,间缝 10 毫米。

游览步道做法:底层素土夯实,150 毫米厚 3:7 灰土垫层,150 毫米混凝土,上铺道路面层。

注意事项

具体施工建设前,需按照相关标准和规范进行专门的施工图设计。

排水工程设计

工程内容

蜀岗上城址护城河沿岸地区采取通过竖向设计利用地形控制地表径流的方式进行雨洪管理和排水,以降低造价、改善景观效果。道路采取两面坡的断面形式向两侧排水。通过竖向设计,道路两侧安排浅沟汇集雨水,并沿纵坡汇集到集中排水点,接入排水管涵最终排入护城河水体中或市政管网中。主路与城墙之间的区域同样设置浅沟,主路表面设置截水和导流装置,以防止路面积水。浅沟所汇集的雨水通过管涵排入护城河。

工程措施

排水工程的实施需进行土方整理以实现高程控制，并铺设管涵完善排水设施。

工程做法

土方整理，开挖路侧浅沟，表层进行地被种植。

注意事项

需计算汇水面积和水量，控制排水流速，防止土壤侵蚀。

安全防护工程设计

安全防护工程主要内容为宋宝祐城西城门瓮城以北区域沿河防护栏杆的架设以及亲水平台边缘河底的工程处理。为保证游人安全，在西门瓮城以北河堤较高的区域架设防腐木栏杆。栏杆高度 1.1 米，栏杆纵向隔板间的距离小于 0.3 米。同时，根据《公园设计规范》滨水区域的水深不得超过 0.5 米，需要对滨水平台边缘河底进行垫高处理。安全栏杆架设长度为 500 米。滨水平台边缘处理长度为 200 米。

架设栏杆需适当平整地形，建造栏杆基础，进行栏杆的固定安装。滨水平台的边缘处理需进行碎石土回填并分层夯实。

绿化设计

总体原则

绿化设计应该突出蜀岗上城址整体的历史文化价值，与其空间特色和文化内涵相协调，同时符合生态环境的自然规律和要求。

突出城址的整体历史文化价值，植物栽种宜采取群落式、组团式的种植方式，突出群体特点，在古城周边形成林地背景。在接近城墙遗址的位置，应清理现状植被，移除对城墙展示起干扰作用的灌木和乔木。滨水沿岸新植植被应该拉大株距，防止形成连续界面遮挡城墙。另外，应配合古城的历史文化内涵选择植物种类，将植物作为营造风景意境的元素。如“翠堤烟柳”景点应以垂柳为主要的植物材料，其他小乔木和花灌木的搭配也应该围绕景点的立意进行。

在特定区域，绿化栽植应主要考虑生态效益。如生态湿地区域内植物种类的选择应该考虑生态群落的结构和满足生态功能的需求。又如水鸟的栖息地需要种植大面积挺水植物，并保留适当面积的开阔浅滩地等。

树种规划

树种的选择应优先选取乡土植物，尤其是历史上在该区域已被广泛种植、形成特色景观、具有文化内涵的植物。避免选择后期引入的外来物种或者与文化背景有冲突的树种等。

根据扬州市植物景观分析及植物材料规划成果，在蜀岗上城址护城河沿岸适宜选取的植被材料如下。

传统特色树种：桑、槐、榆、香椿、枫杨、山茱萸。

园林特色树种：银杏、桧柏、垂柳、水杉、琼花、桂花、紫薇、春梅、蜡梅、碧桃、竹类。

落叶小灌木：榆叶梅、六月雪、白马骨、芫花、杞柳、枸杞、紫穗槐、云实、蝙蝠葛、地锦、平枝木旬子、金丝桃、郁李、小檗类、绣线菊类、金钟、棣棠、山麻杆、鹊梅、海州常山、麦李、毛樱桃、雪柳、紫珠。

常绿小灌木：铺地柏、鹿角柏、匍地龙柏、球柏、千头柏、香柏、云片柏、孔雀柏、凤尾柏、丝兰、凤尾兰、鹅毛竹、倭竹、箬竹、筱竹、金银花、黄脉忍冬、络石、扶芳藤类、山木香（小果蔷薇）、金樱子、火棘、南天竹、十大功劳、小叶黄杨类。

水生植物：挺水类——荷花、石菖蒲；浮水类——荇菜、睡莲、水鳖、眼子菜、圆叶泽泻、大藻（水浮莲）；沼生类——千屈菜、蝴蝶花、水葱、菖蒲、香蒲、水烛、菹草、泽泻类、慈姑类、灯田草类、雨久花、野舌草、荸荠、伞草、茭白、毛芙兰草、球柱草类、飘拂草类、湖瓜草类、莎草类、苔类、阴地蕨类、海金沙、钱线蕨、单叶双盖蕨、假蹄盖蕨。

注意事项

植物栽植过程中应注意对驳岸和城墙本体的保护，防止因栽植施工造成土方流失。

亮化工程设计

为了完善唐子城旅游风景区的服务设施、提升风景区景观功能、丰富市民夜间游览休闲内容，本次拟对唐子城景区进行景观亮化布置，所采用灯具均为 LED 灯具。

游览服务设施设计

为了展示蜀岗上城址护城河，本规划沿河道设置了游船码头六处，亲水平台两处。各主要节点都布置有电瓶车换乘站，并分别在西门、北门和东门设置旅游服务区。

游船码头主要组成包括亲水平台、栈道以及管理用房。为了与古城整体的景观环境相协调，体现质朴的景观风格，游船码头的结构形式主要采取木结构。由于西门码头水面与城门间存在高达 7 米的高差，所以游船码头还设置了坡道，方便游人游览，实现水陆游线的转换。

电瓶车站主要沿主路分布，平均间距 1.2 千米。部分车站与码头及服务区相结合，提高利用效率，有效组织交通。部分车站与周边的村庄改造区相结合，一方面完善游线，另一方面带动周围村落配套服务设施的发展。

电力通信设施设计

对电力通信设施的规划设计应为日后景区的进一步发展预留空间，工程措施应与道路交通系统的改造更新统筹安排，沿主路铺设地下管线，为后续工程预留接口，避免重复施工。

第三章

图则

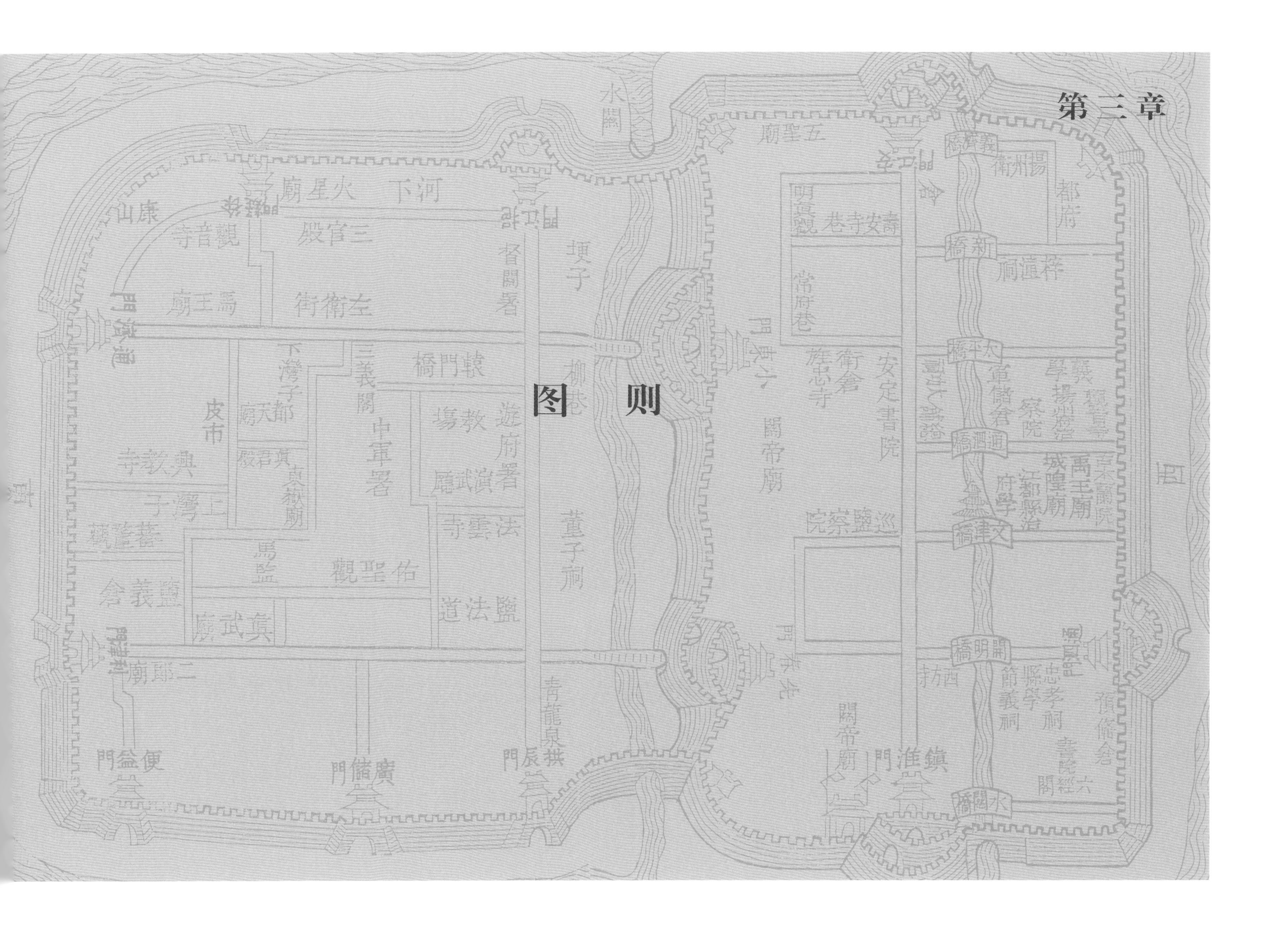

水關
五聖廟
河下
火星廟
康山
觀音寺
三官殿
左衛街
禹王廟
校門橋
三義閣
中軍署
教場
遊府署
演武廳
法雲寺
佑聖觀
馬監
鹽義倉
真武廟
鹽法道
二郎廟
皮市
興教寺
董子祠
小東門
關帝廟
安定書院
巡鹽察院
新橋
太平橋
通泗橋
文津橋
開明橋
水關橋
禹王廟
城隍廟
府學
縣學
忠孝祠
節義祠
預備倉
六經閣
西方寺
便益門
廣儲門
拱辰門
鎮淮門
青龍泉

西北城角及城壕鸟瞰意象图

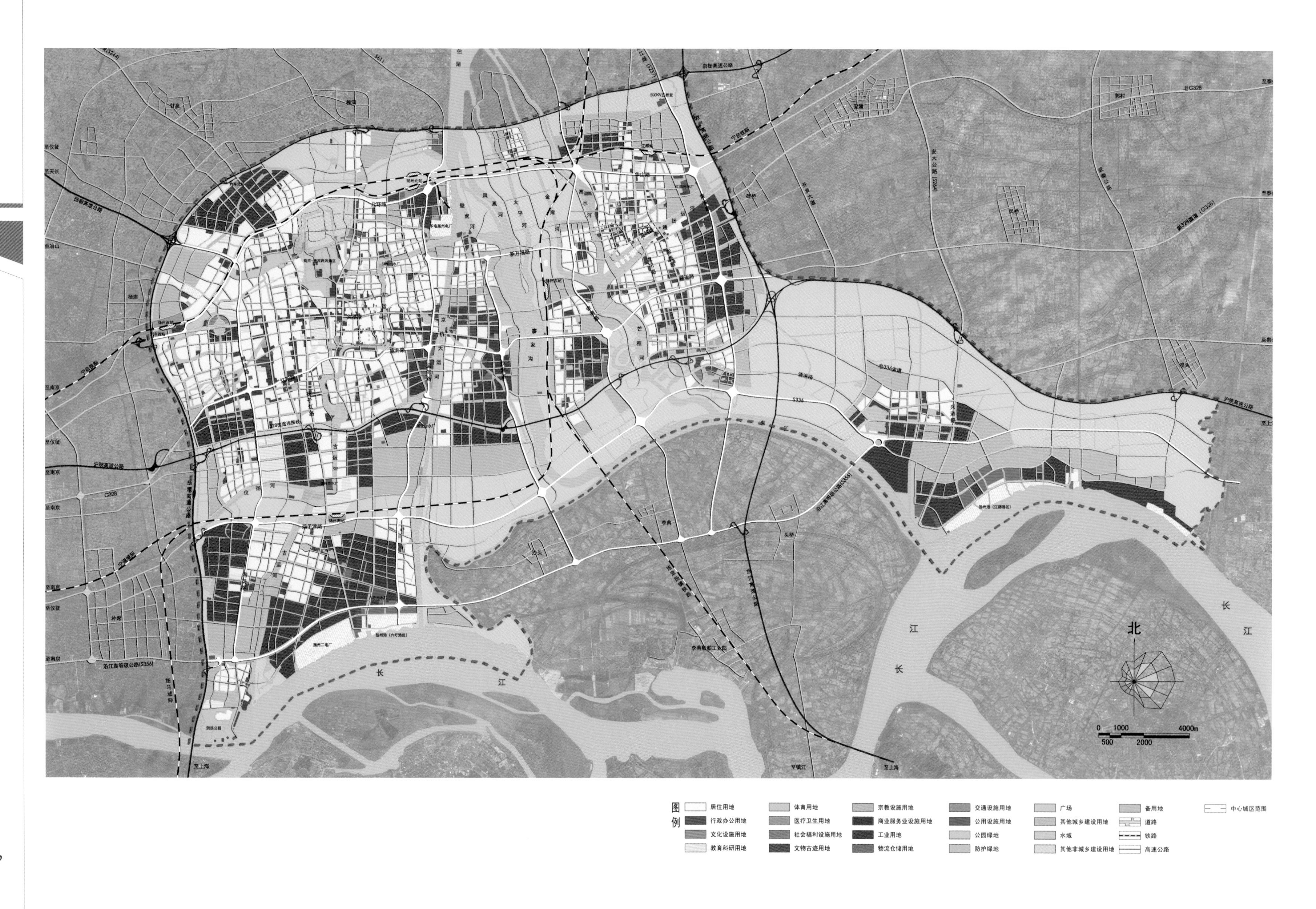

扬州市城市中心城区土地利用规划图（2012—2020年）

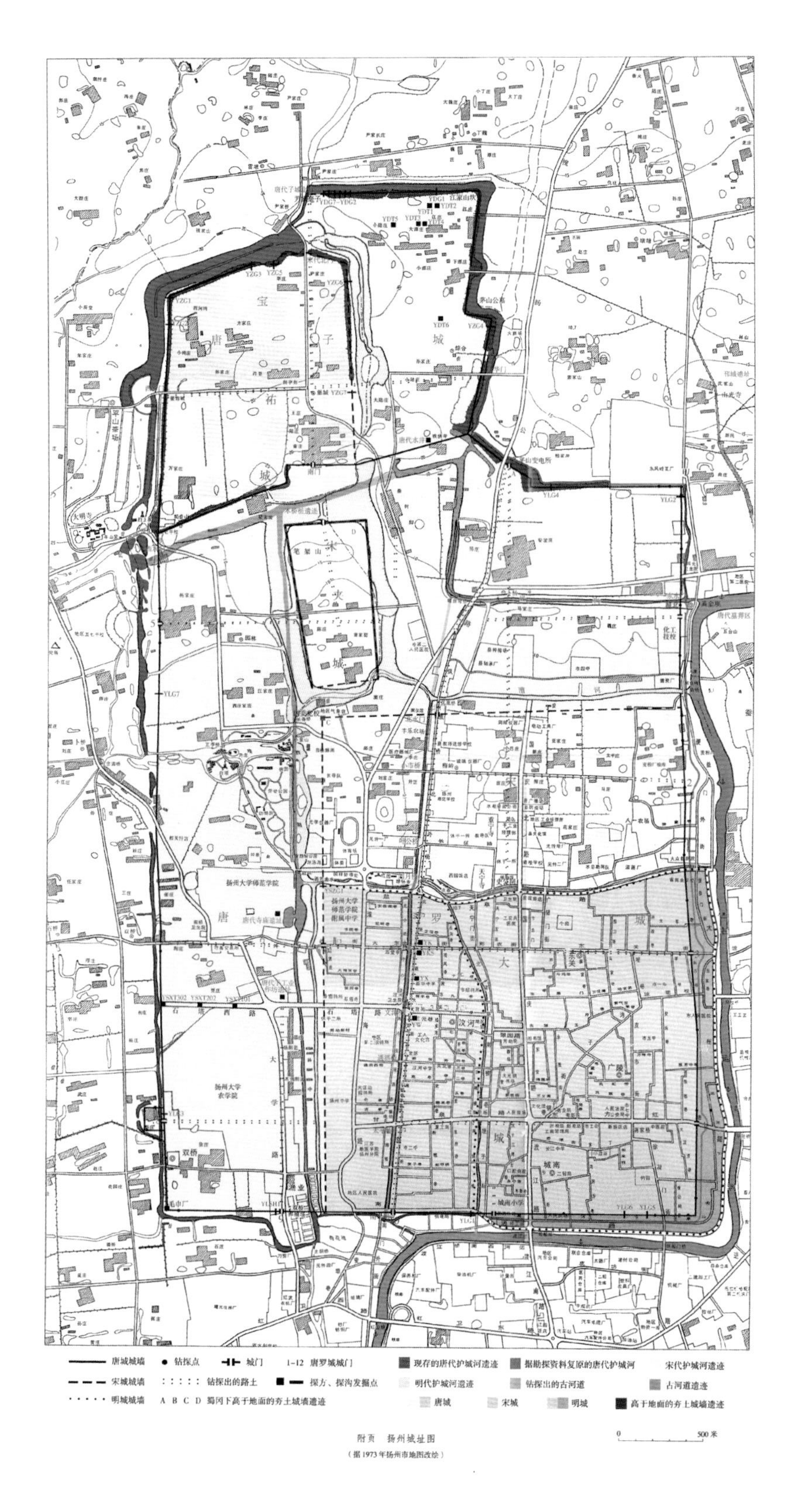

附页 扬州城址图

（据1973年扬州市地图改绘）

参见中国社会科学院考古研究所、南京博物院、扬州市考古研究所：《扬州城——1987～1998年发掘报告》，文物出版社，2010年。

唐子城·宋宝城及周边历史水系复原示意图

■ 宋宝城城垣及瓮城遗迹示意
■ 唐子城城垣及瓮城以及示意
■ 1973 年蜀岗上古城址水系遗迹
■ 1973 年蜀岗上古城水系残存水面
■ 1973 年穿越古城址的现状道路

唐子城·宋宝城及周边水系现状示意图（见《总则》第24页）

由蜀岗中峰栖灵塔西瞰平山堂城及蜀岗西峰（自近至远分别是包平山堂城、护城河、“大城”城墙、蜀岗西峰，东—西）

全景图—平山堂北（南—北）

全景图—平山堂东北（西南—东北）

全景图—平山堂南（西北—东南）

全景图—西城墙外侧护城河（北—南）

北城墙西段及护城河（北—南）

唐子城北城墙东段及护城河（西—东）

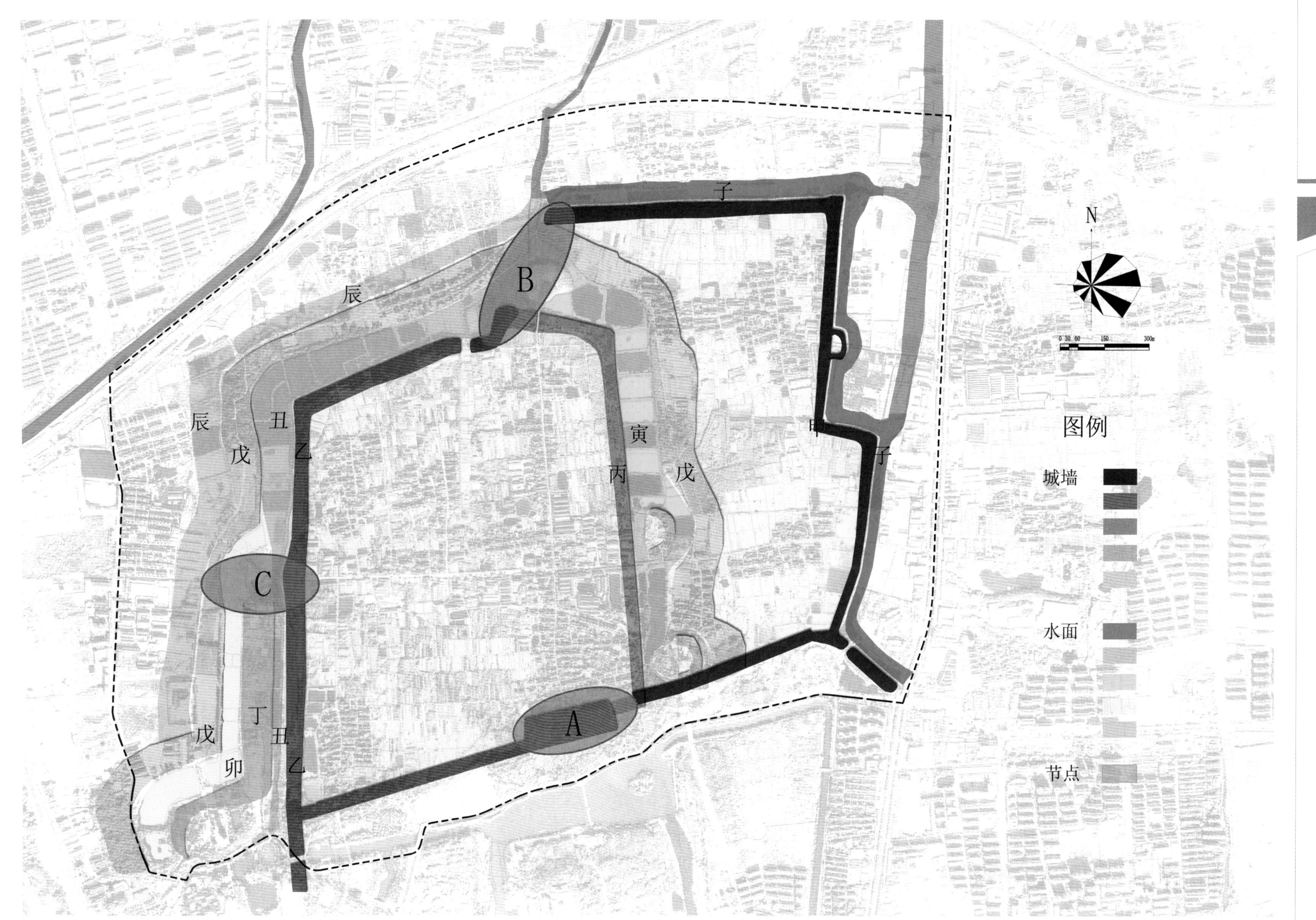
子
N
0 30 60 150 300m
辰
B
辰
丑
乙
戊
寅
丙
戊
申
子
C
丁
戊
丑
卯
乙
A
图例
城墙
水面
节点

蜀岗上城址护城河土地利用现状评估图

- 鱼塘用地
- 废弃鱼塘和淤塞
- 鱼塘与种植混用地
- 农业种植用地
- 藕塘、水芹等种植区域
- 单位建筑用地
- 引水灌溉渠道
- 林地

环境整治项目图

- 须拆迁的建构筑物
- 须保留的建构筑物
- 拟拆迁的房屋建筑
- 须拆迁的禽畜饲养区域
- 须清理的垃圾倾倒区域
- 排污渠废止改道
- 道路桥梁改造

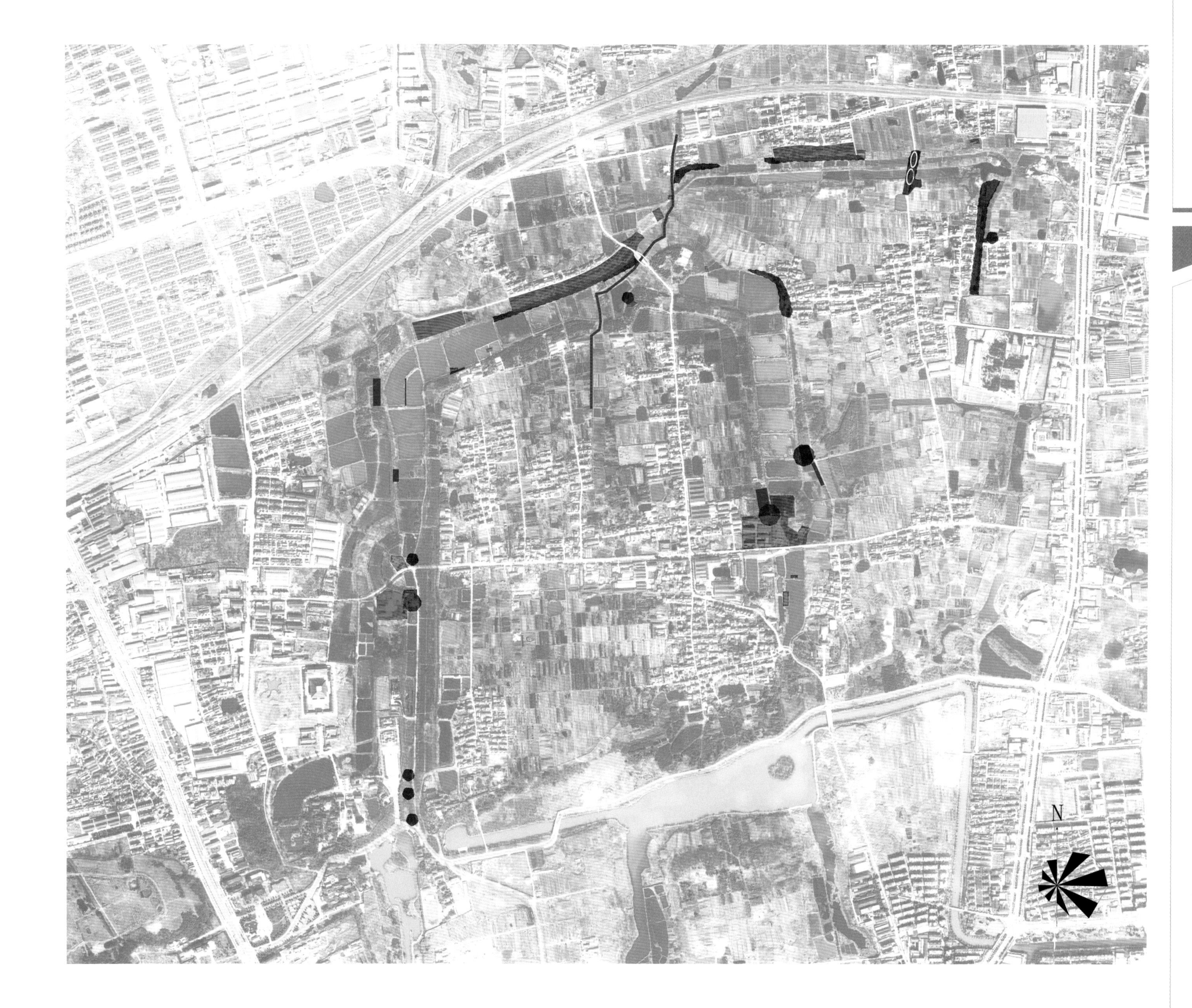

现状河道横断面位置索引图

现状河道横断面图

注：线状河道横断面标高采用废黄河高程系

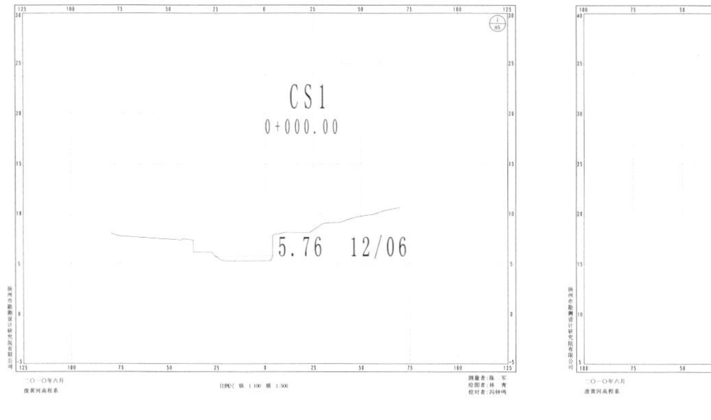

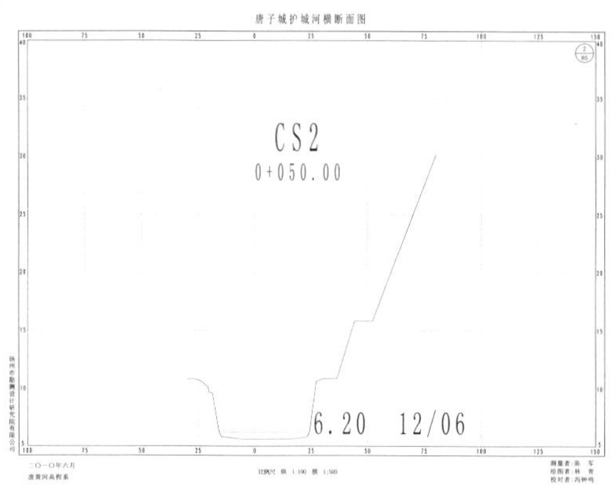

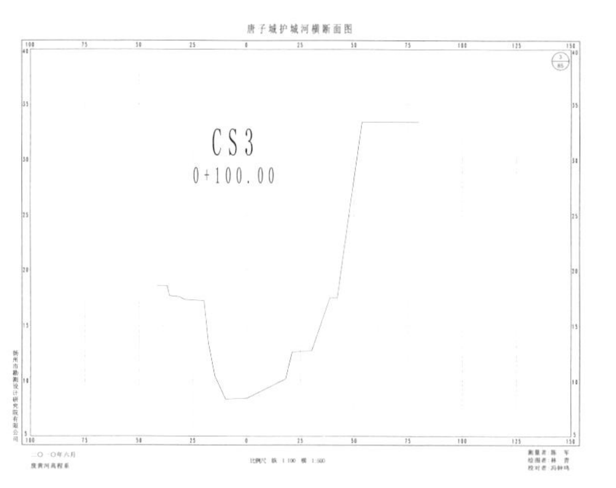

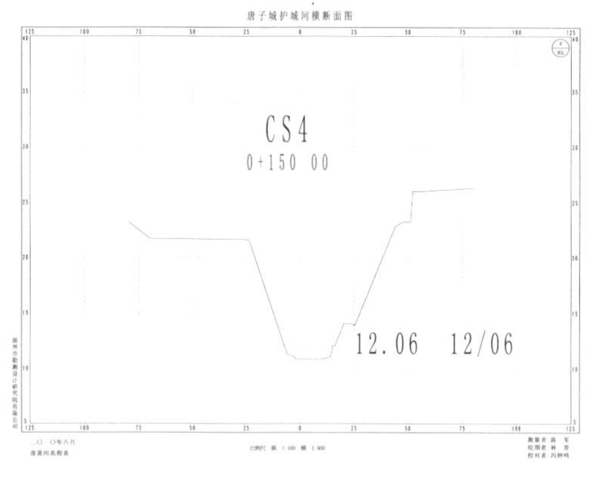

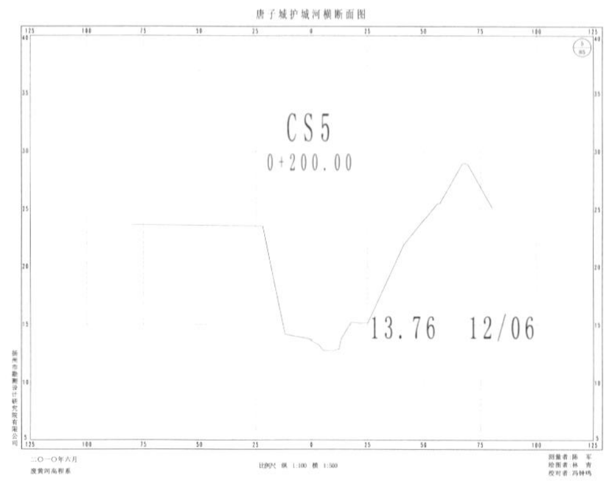

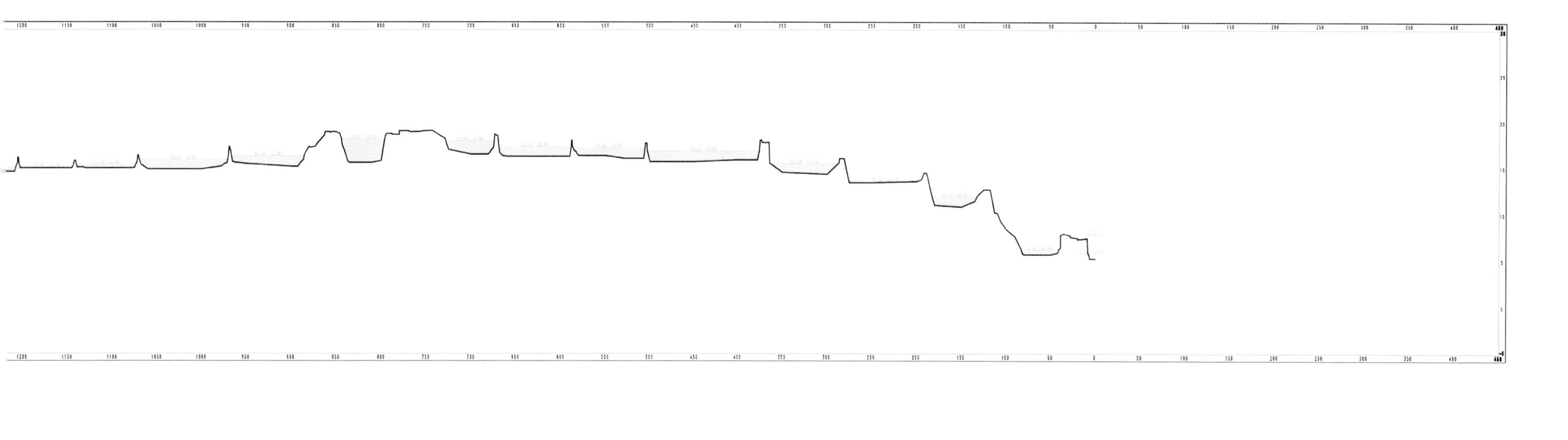

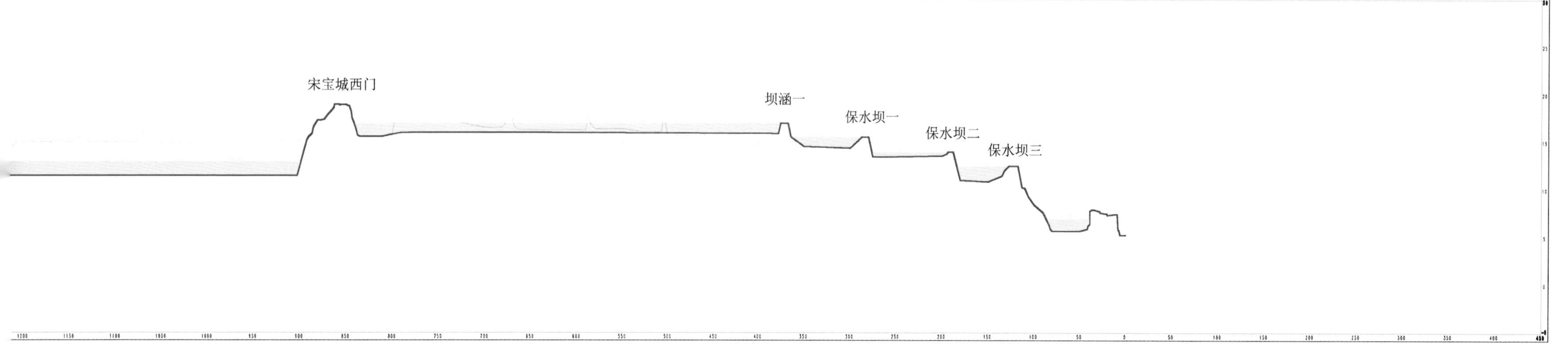

说明：本图中的高程采用废黄河高程系。本图的绘制以扬州市勘测设计研究院有限公司2010年6月完成的“唐子城护城河纵断面图”为基础。该图的测量者为陈军，绘图者为林青，校对者为冯钟鸣。

唐子城护城河横断面图
CS6
0+250.00
13.76 12/06
唐子城护城河横断面图
CS7
0+300.00
15.56 12/06
唐子城护城河横断面图
CS8
0+350.00
15.56 12/06
唐子城护城河横断面图
CS9
0+400.00
16.90 14/05
唐子城护城河横断面图
CS10
0+450.00
16.91 12/06
唐子城护城河横断面图
CS11
0+500.00
16.90 12/06
唐子城护城河横断面图
CS12
0+550.00
17.26 12/06
唐子城护城河横断面图
CS13
0+600.00
17.26 12/06
唐子城护城河横断面图
CS14
0+650.00
17.47 12/06
唐子城护城河横断面图
CS15
0+700.00
18.00 12/06
唐子城护城河横断面图
CS16
0+750.00
唐子城护城河横断面图
CS17
0+800.00
18.20 12/06
唐子城护城河横断面图
CS18
0+850.00
唐子城护城河横断面图
CS19
0+900.00
16.40 12/06
唐子城护城河横断面图
CS20
0+950.00
16.40 12/06
唐子城护城河横断面图
CS21
1+000.00
16 20 12/06
16.00 12/06

唐子城护城河横断面图
CS22
1+050.00
16.00 12/06
唐子城护城河横断面图
CS23
1+100.00
15.40 12/06
唐子城护城河横断面图
CS24
1+150.00
15.20 14/05
唐子城护城河横断面图
CS25
1+200.00
15.20 12/06
唐子城护城河横断面图
CS26
1+250.00
14.80 12/06
唐子城护城河横断面图
CS27
1+300.00
15.80 12/06
唐子城护城河横断面图
CS28
1+350.00
15.80 12/06
唐子城护城河横断面图
CS29
1+400.00
15.80 12/06
15.80 12/06
唐子城护城河横断面图
CS30
1+450.00
15.80 12/06
15.80 12/06
唐子城护城河横断面图
CS31
1+500.00
15.85 12/06
15.85 12/06
唐子城护城河横断面图
CS32
1+550.00
15.90 12/06
唐子城护城河横断面图
CS33
1+600.00
15.85 12/06
唐子城护城河横断面图
CS34
1+650.00
15.80 12/06
唐子城护城河横断面图
CS35
1+700.00
15.80 12/06
唐子城护城河横断面图
CS36
1+750.00
15.80 12/06
15.80 12/06
唐子城护城河横断面图
CS37
1+800.00
15.80 12/06
15.80 12/06

唐子城护城河横断面图
CS38
1+850.00
15.70 14/05
CS39
1+900.00
15.70 12/06
CS40
1+950.00
15.60 12/06
CS41
2+000.00
15.60 12/06
CS42
2+050.00
15.40 12/06
CS43
2+100.00
15.06 12/06
CS44
2+150.00
CS45
2+200.00
14.76 12/06 14.76 12/06 14.90 12/06
CS46
2+250.00
14.70 12/06 14.95 12/06
CS47
2+300.00
CS48
2+350.00
CS49
2+400.00
CS50
2+450.00
15.30 12/06
CS51
2+500.00
15.30 14/05
CS52
2+550.00
15.10 12/06 15.30 12/06
15.00 12/06
CS53
2+600.00
15.30 12/06

唐子城护城河横断面图
CS54
2+650.00
15.30 12/06
CS55
2+700.00
15.30 12/06
15.40 12/06
CS56
2+750.00
15.30 12/06
CS57
2+800.00
15.40 12/06
CS58
2+850.00
15.40 12/06
CS59
2+900.00
15.40 12/06
CS60
2+950.00
15.40 12/06
CS61
3+000.00
15.40 12/06
CS62
3+050.00
15.40 12/06
CS63
3+100.00
15.46 12/06
CS64
3+150.00
15.40 12/06
CS65
3+200.00
15.45 12/06
CS66
3+250.00
15.45 12/06
CS67
3+300.00
15.22 12/06
15.40 12/06
CS68
3+350.00
15.45 12/06
15.10 12/06
CS69
3+400.00
15.20 12/06
15.20 12/06
15.20 12/06

唐子城护城河横断面图
CS70
3+450.00
15.16 12/06
唐子城护城河横断面图
CS71
3+500.00
16.53 12/06
15.00 12/06
唐子城护城河横断面图
CS72
3+550.00
唐子城护城河横断面图
CS73
3+600.00
15.04 12/06
唐子城护城河横断面图
CS74
3+650.00
唐子城护城河横断面图
CS75
3+700.00
15.00 12/06
15.16 12/06
唐子城护城河横断面图
CS76
3+750.00
15.00 12/06
15.20 12/06
唐子城护城河横断面图
CS77
3+800.00
15.00 12/06
唐子城护城河横断面图
CS78
3+850.00
15.00 12/06
15.20 12/06
唐子城护城河横断面图
CS79
3+900.00
15.00 12/06
15.16 12/06
唐子城护城河横断面图
CS80
3+950.00
15.00 12/06
唐子城护城河横断面图
CS81
4+000.00
唐子城护城河横断面图
CS82
4+050.00
唐子城护城河横断面图
CS83
4+100.00
唐子城护城河横断面图
CS84
4+150.00
唐子城护城河横断面图
CS85
4+200.00

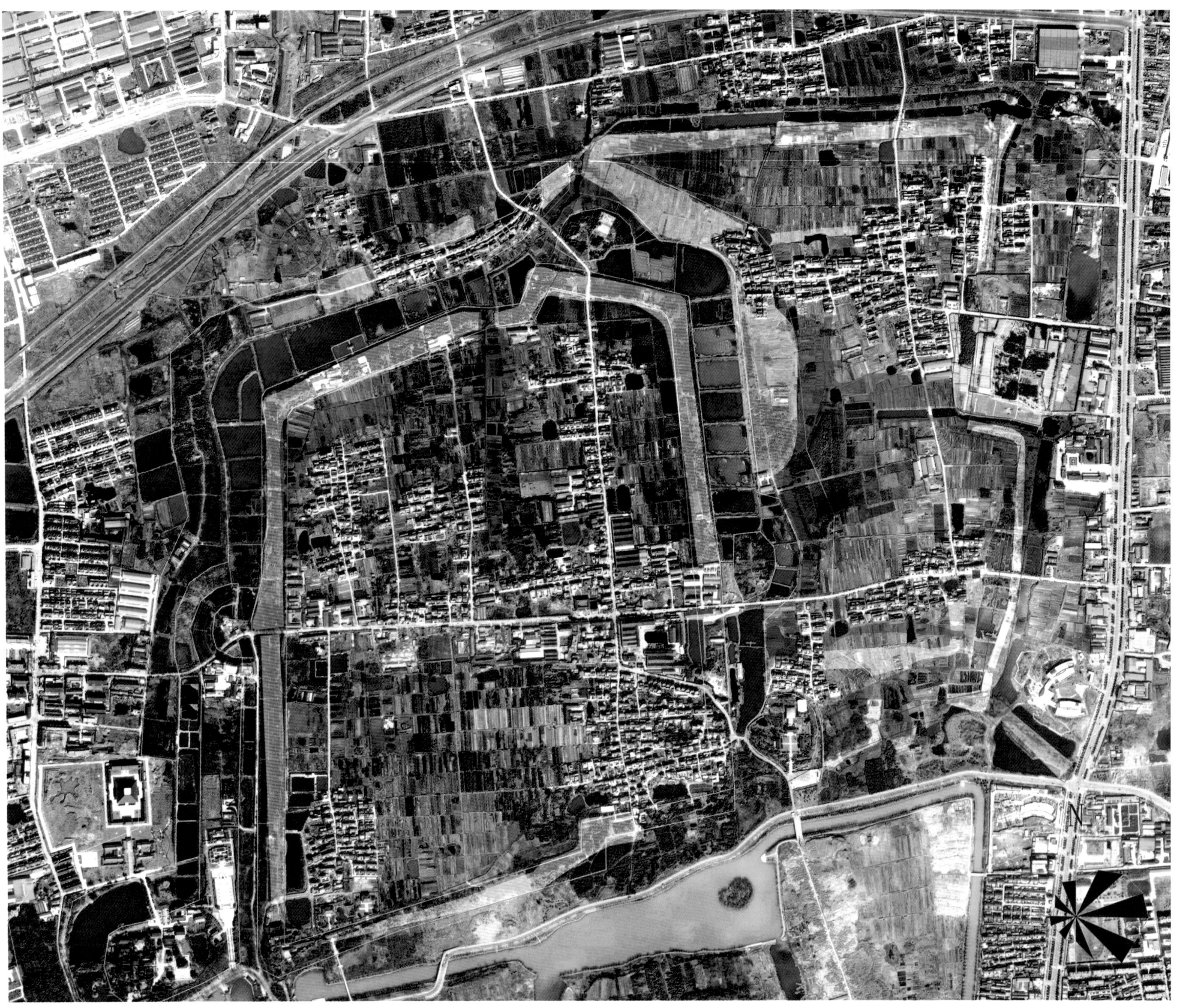

扬州蜀岗上古城考古勘探遗迹合成图

■ 夯土遗迹

■ 历史水域遗迹

（注：本图考古勘探资料截止至2012年）

蜀岗城址考古发掘探沟位置分布示意图

（注：本图考古资料截止至2013年）

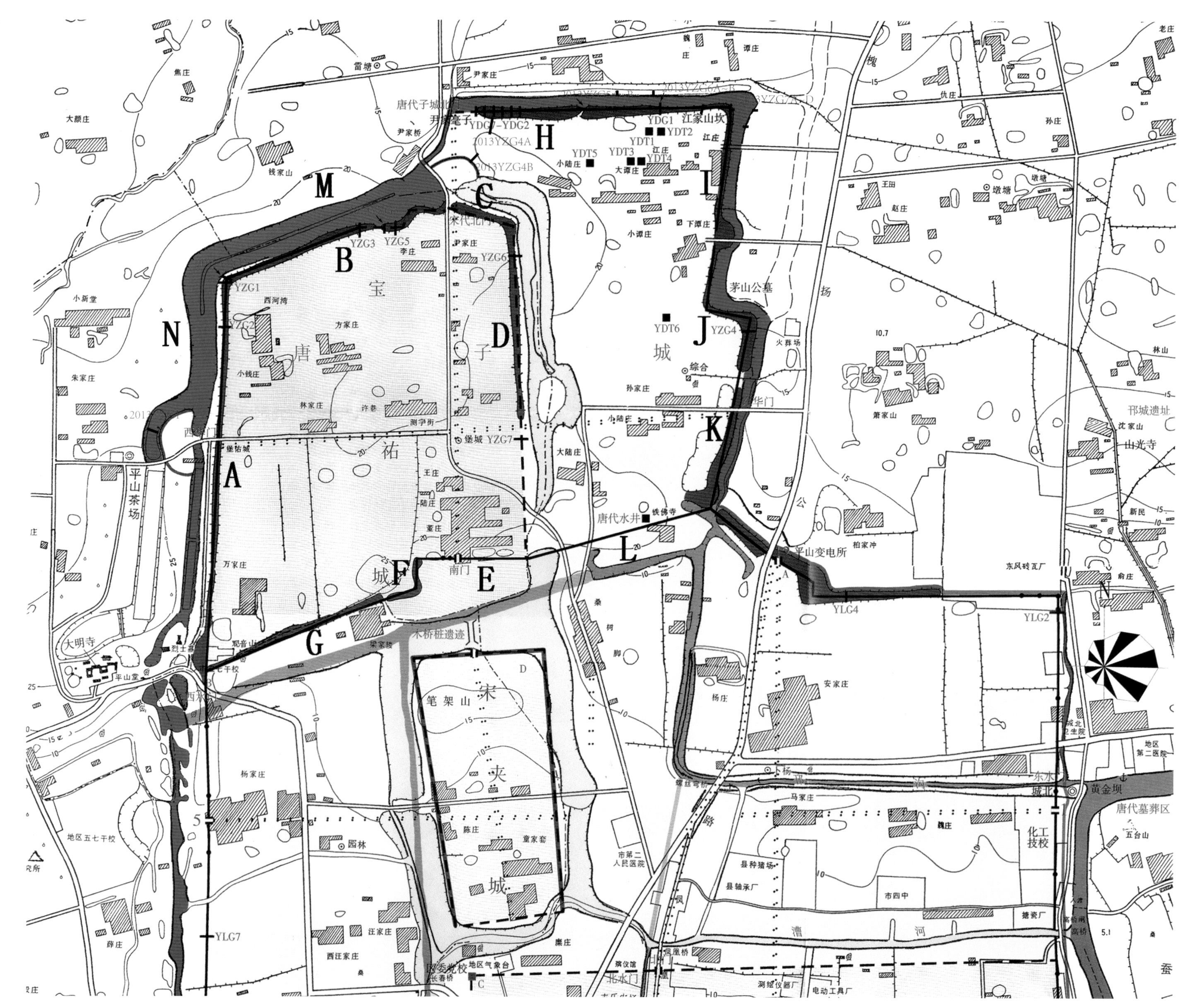

蜀岗上城址卫星影像
——唐子城平面示意图

■ 墙体推测结构部分
■ 唐时使用墙体
■ 各时期护城河水体

蜀岗上城址卫星影像
——南宋时期平面示意图

■ 郭棣·堡砦城

■ 贾似道·宝祐城

■ 李庭芝·大城

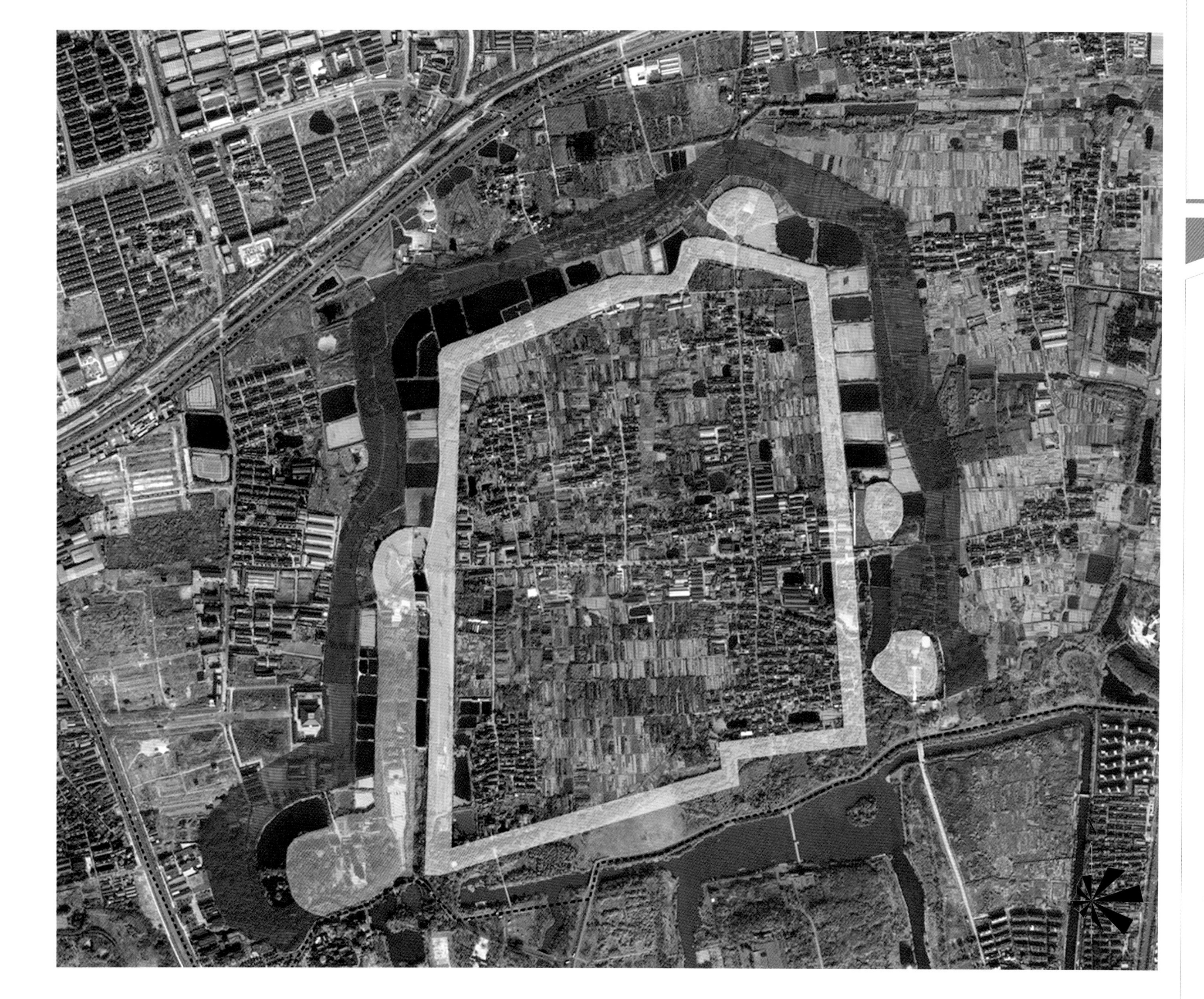

蜀岗上城址现状地形三维模型

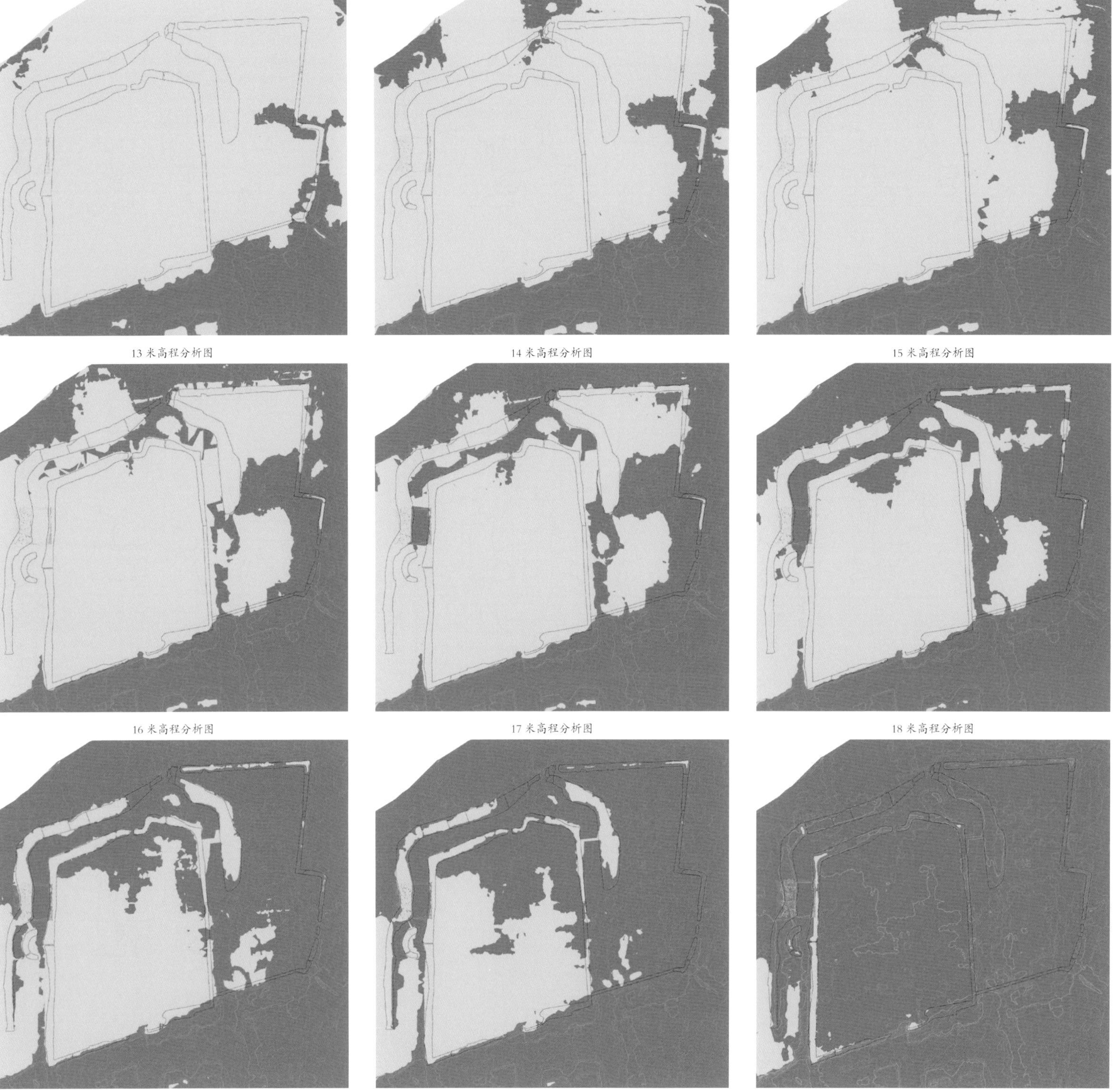

13米高程分析图　14米高程分析图　15米高程分析图

16米高程分析图　17米高程分析图　18米高程分析图

19米高程分析图　20米高程分析图　24米高程分析图

蜀岗上古城址水位淹没分析图

城墙夯土、现水面岸线和保护红线位置关系图

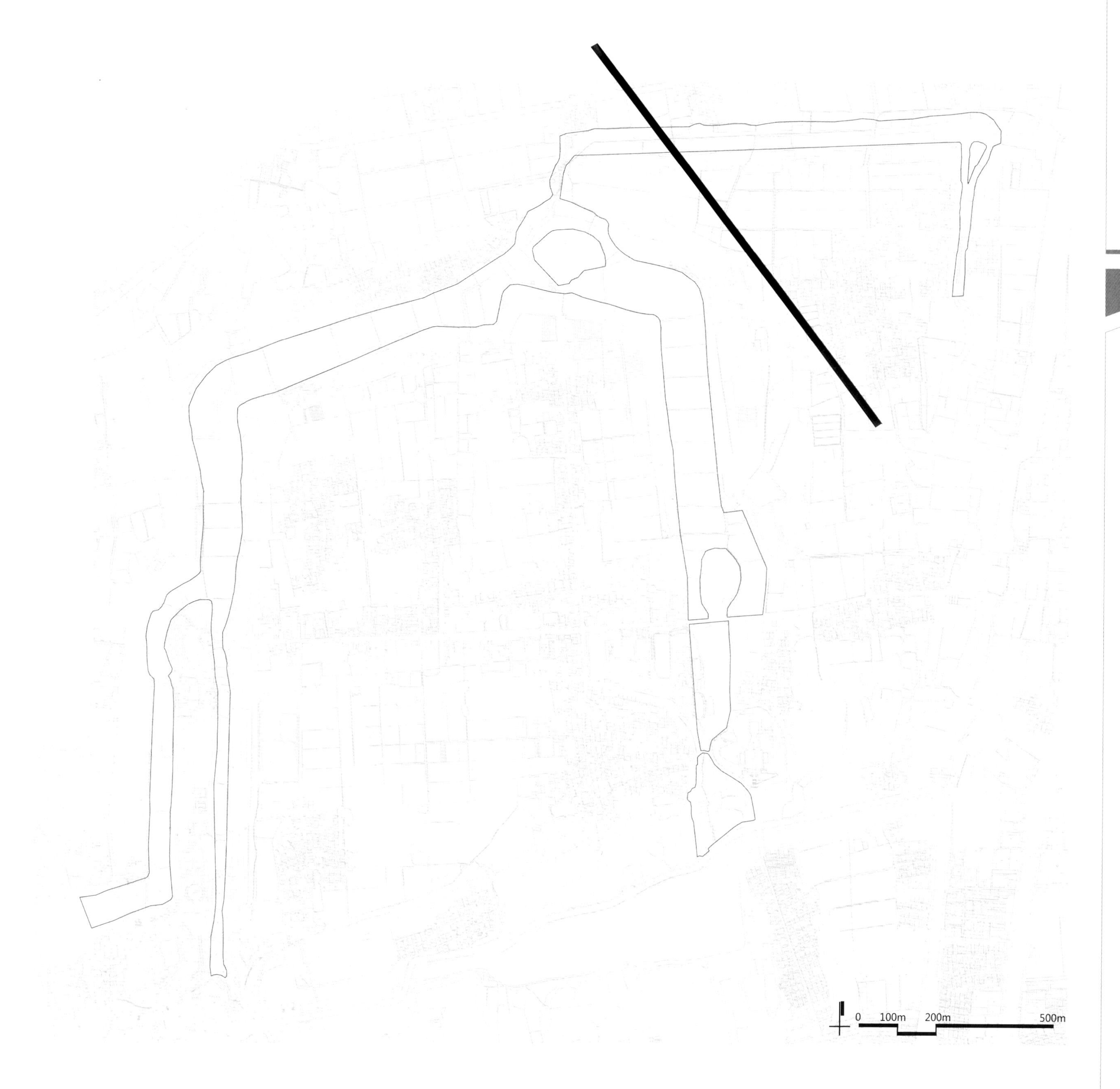

蜀岗上古城址城墙本体保护红线位置图

城墙本体保护红线

护城河遗址保护工程总平面图

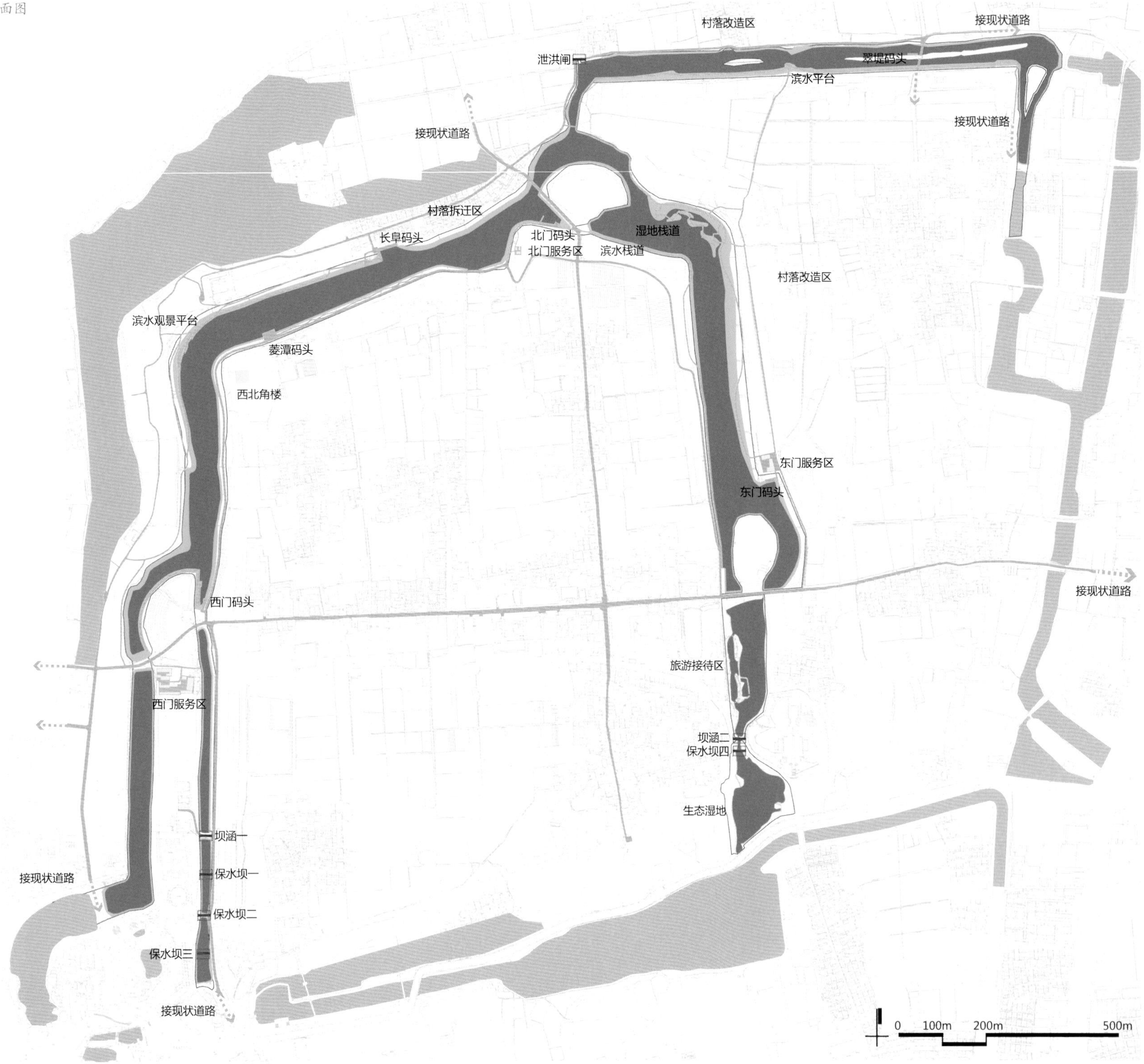

村落改造区
接现状道路
泄洪闸
翠堤码头
滨水平台
接现状道路
接现状道路
村落拆迁区
长阜码头
北门码头
北门服务区
湿地栈道
滨水栈道
村落改造区
滨水观景平台
菱潭码头
西北角楼
东门服务区
东门码头
西门码头
接现状道路
旅游接待区
西门服务区
坝涵二
保水坝四
生态湿地
坝涵一
保水坝一
接现状道路
保水坝二
保水坝三
接现状道路
0 100m 200m 500m

护城河遗址保护工程分区平面图 1

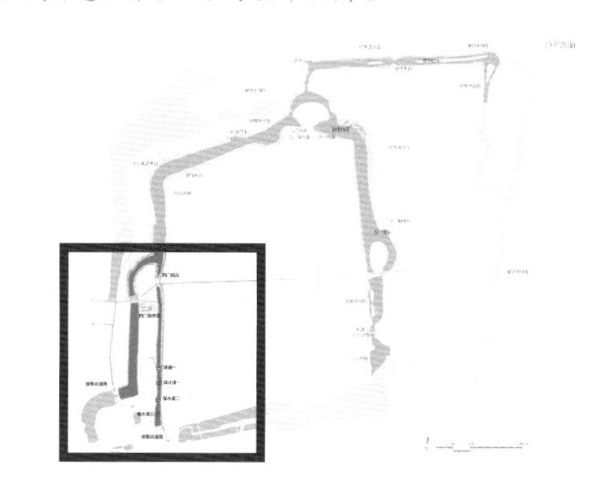

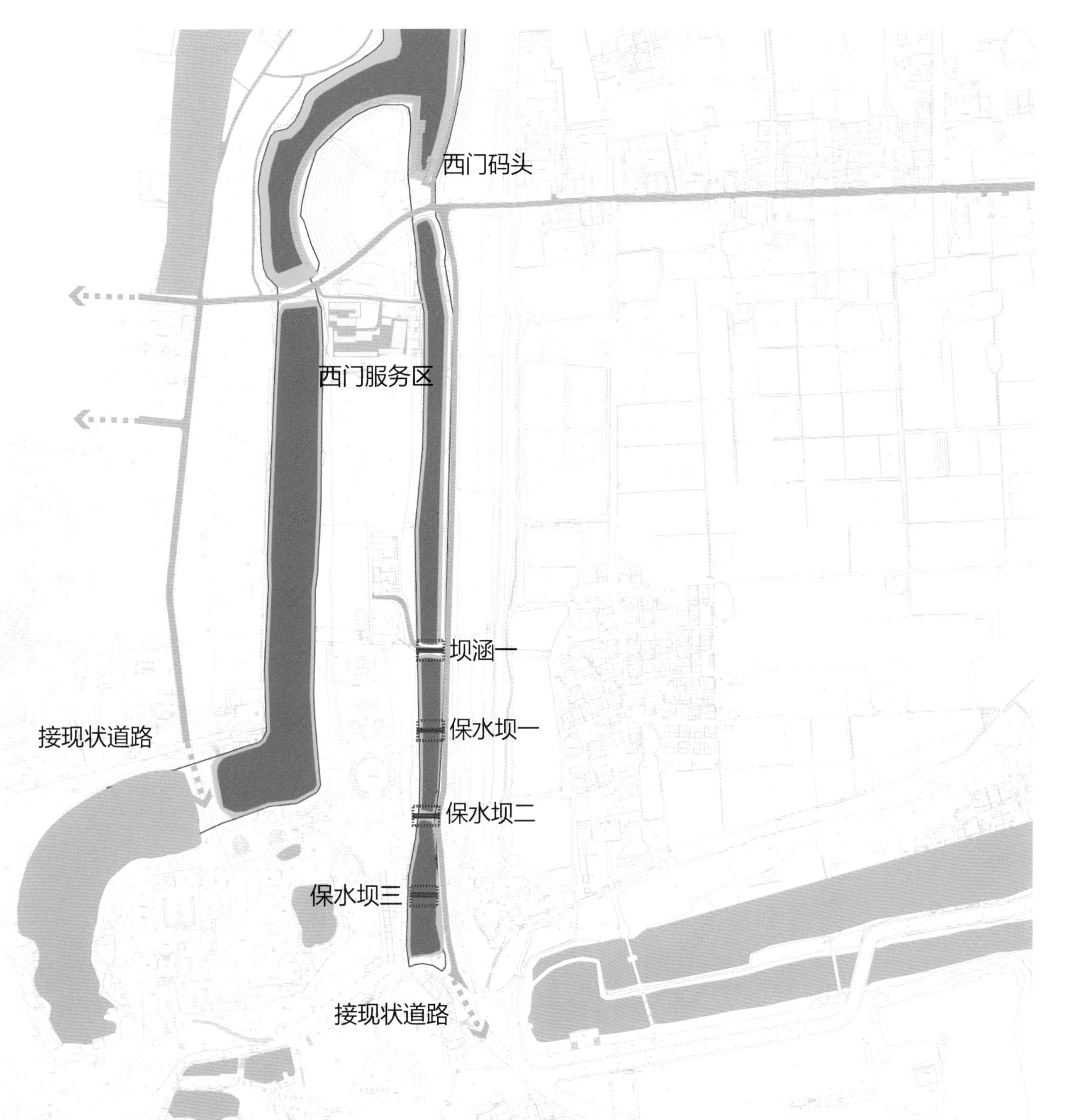

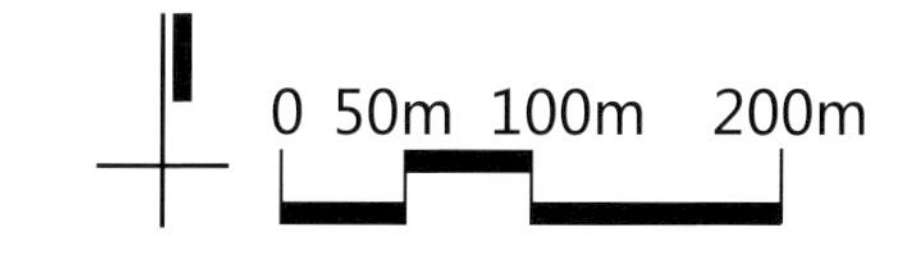

护城河遗址保护工程分区平面图 2

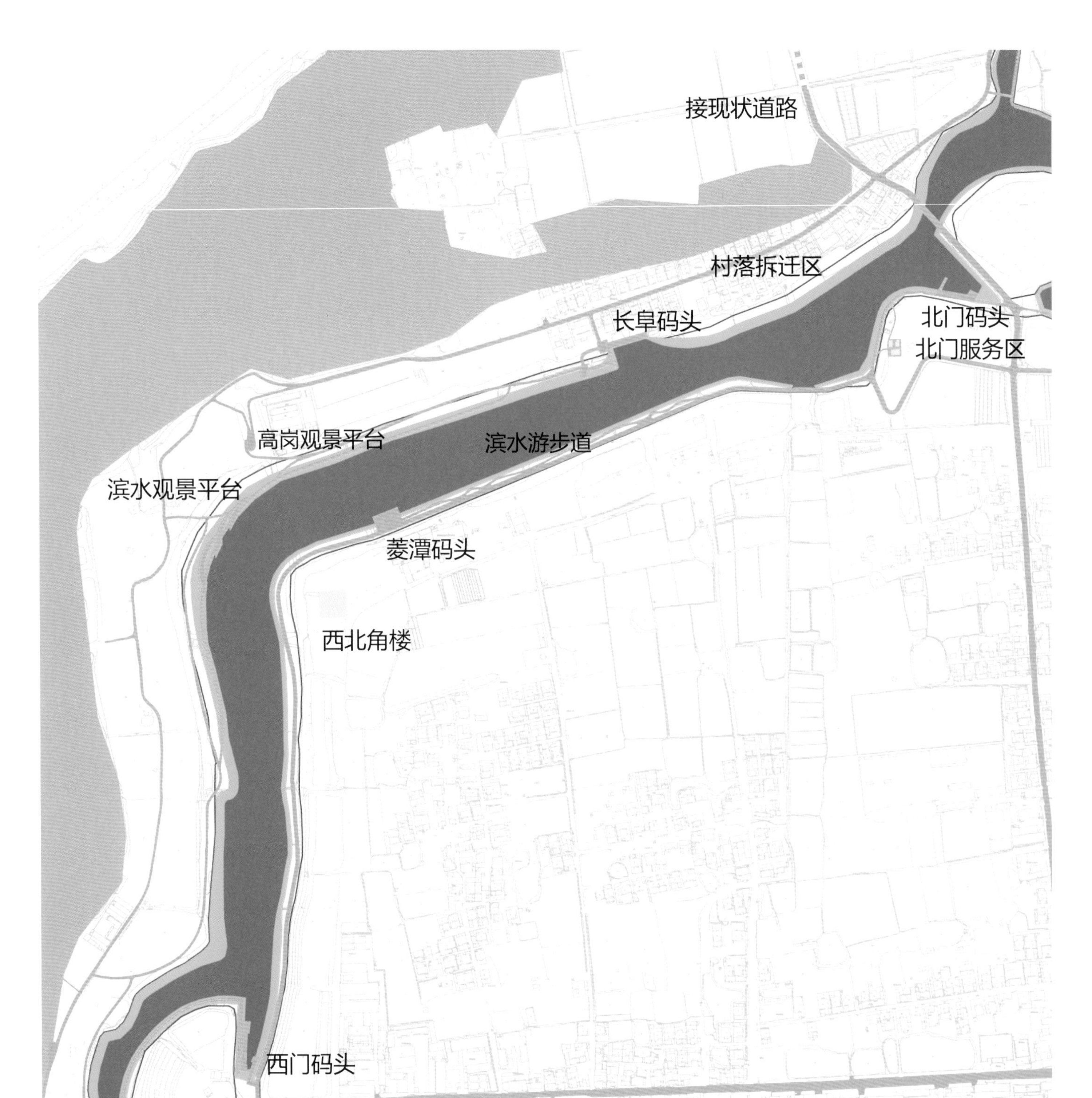

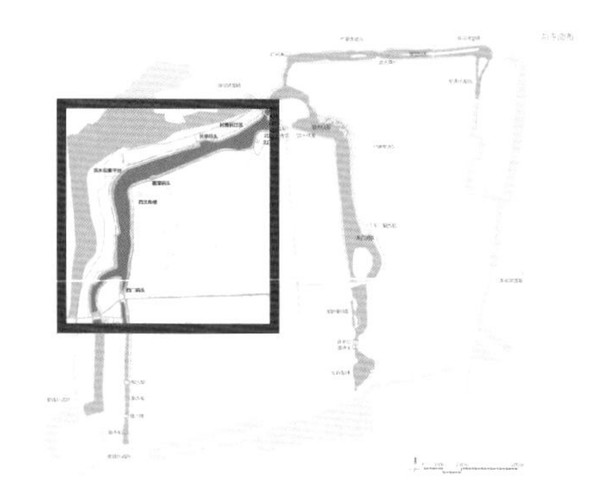

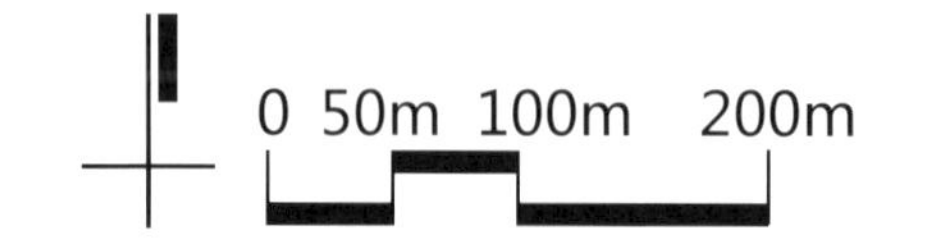

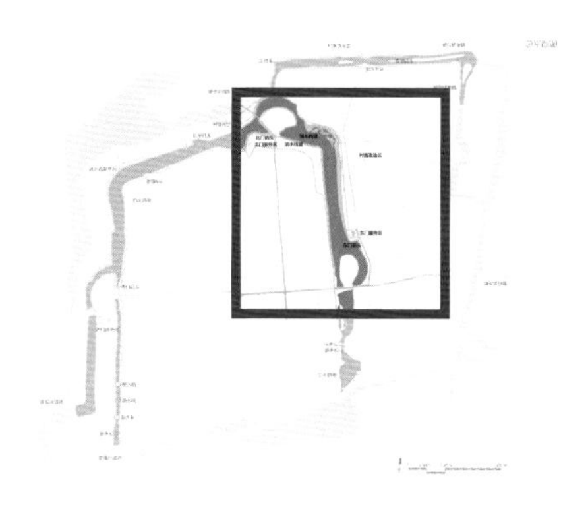

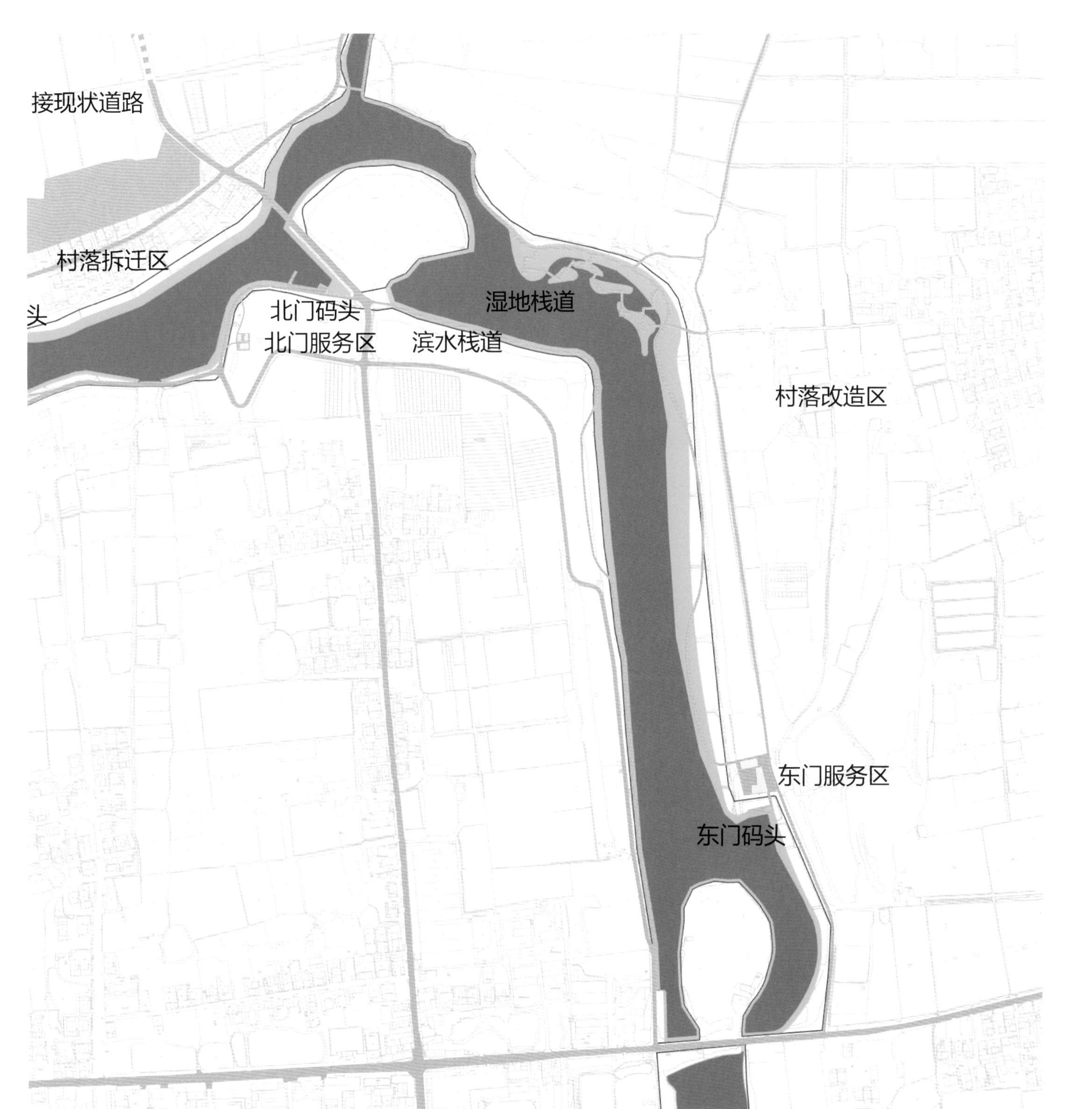
接现状道路
村落拆迁区
头
北门码头
北门服务区
滨水栈道
湿地栈道
村落改造区
东门服务区
东门码头

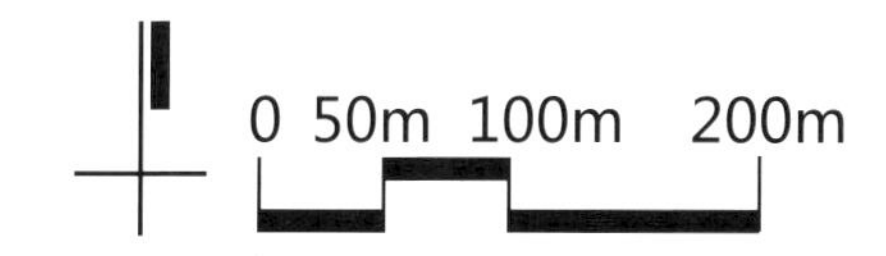
0 50m 100m 200m

护城河遗址保护工程分区平面图 4

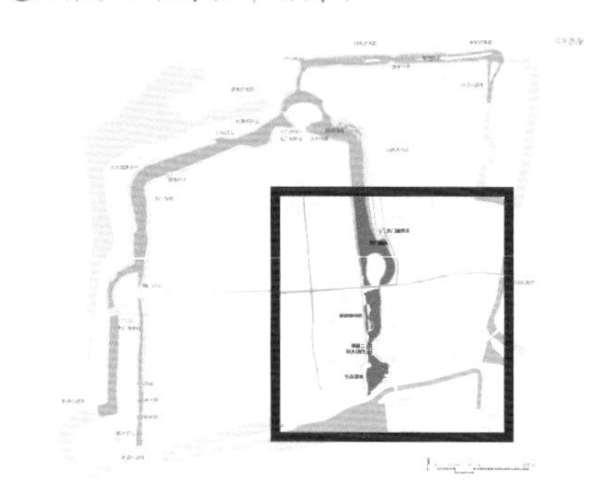

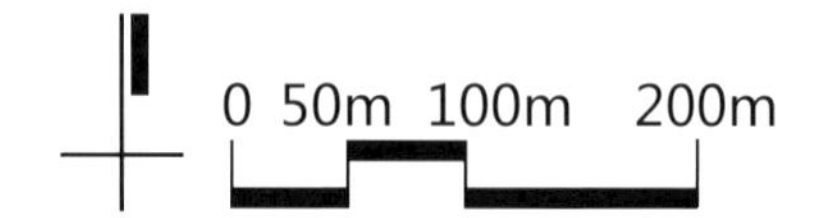

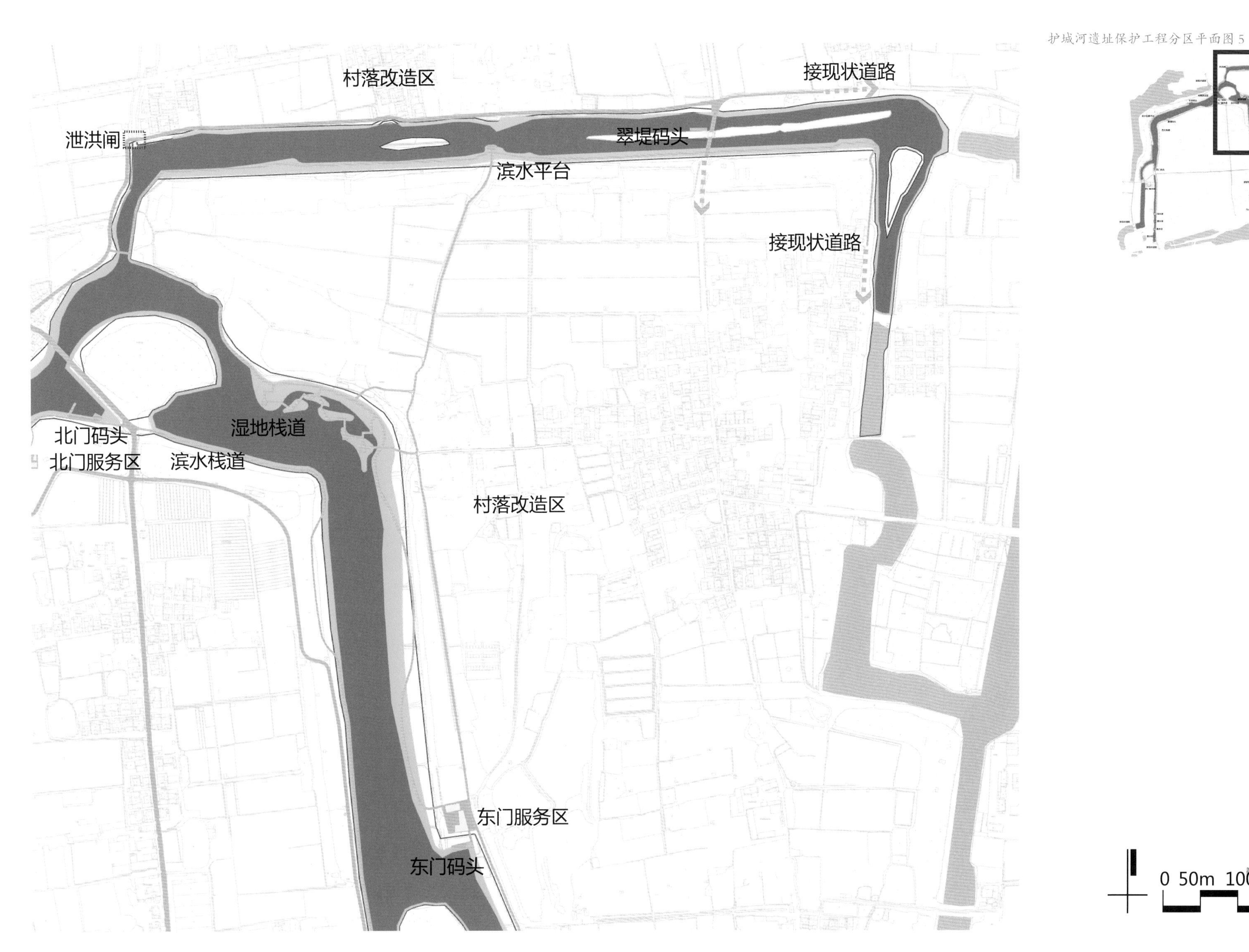

护城河遗址保护工程分区平面图 5

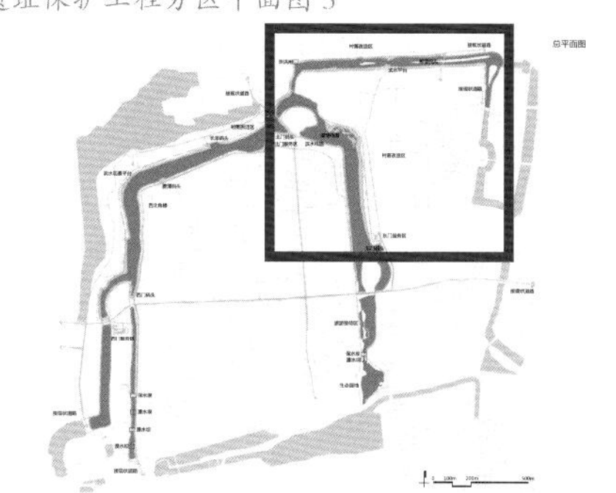

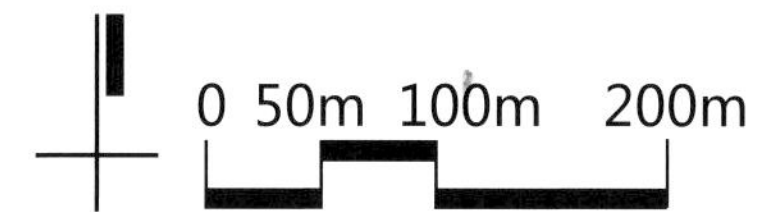

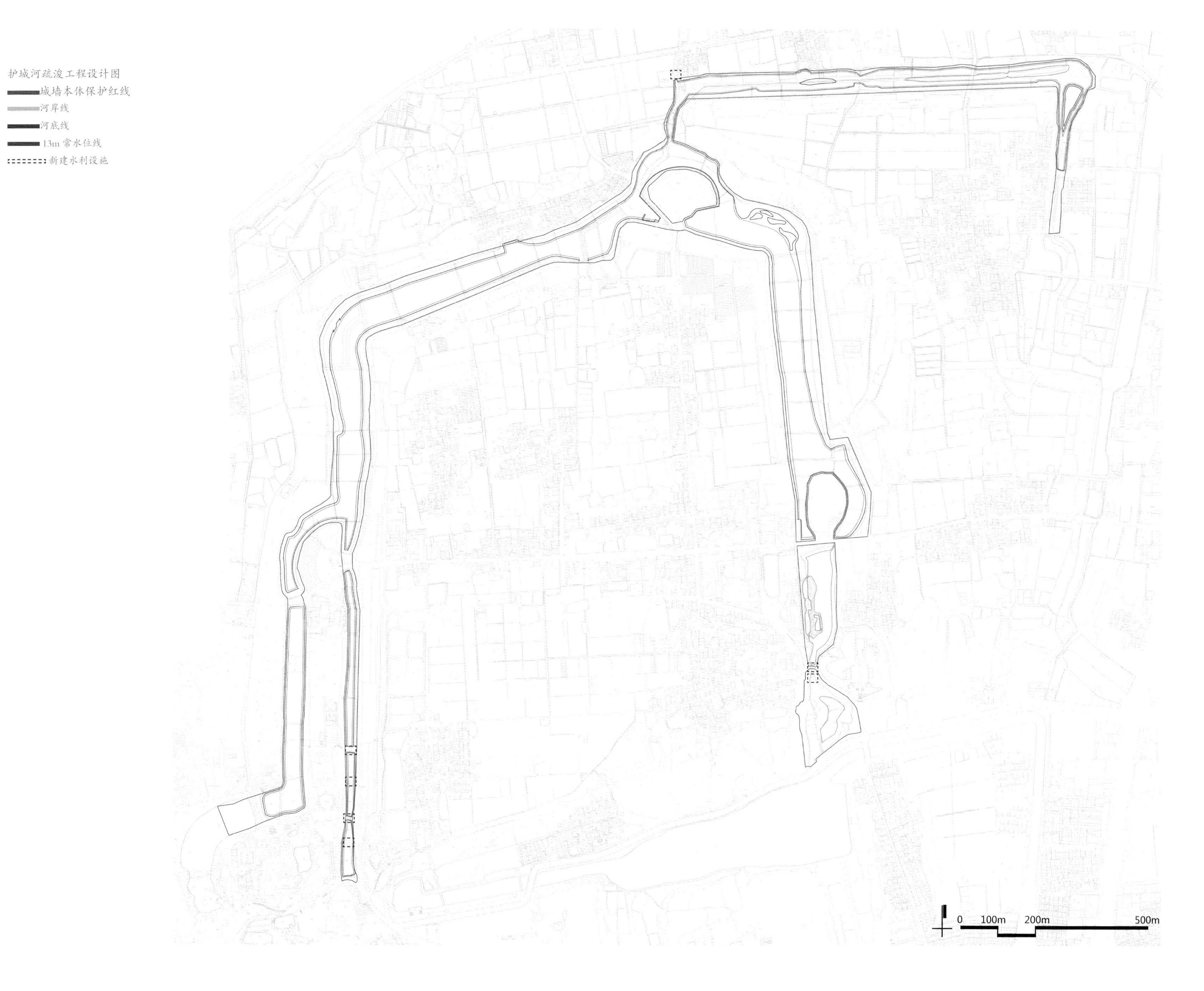
护城河疏浚工程设计图
城墙本体保护红线
河岸线
河底线
13m 常水位线
新建水利设施
0
100m
200m
500m

参考桩号分布图

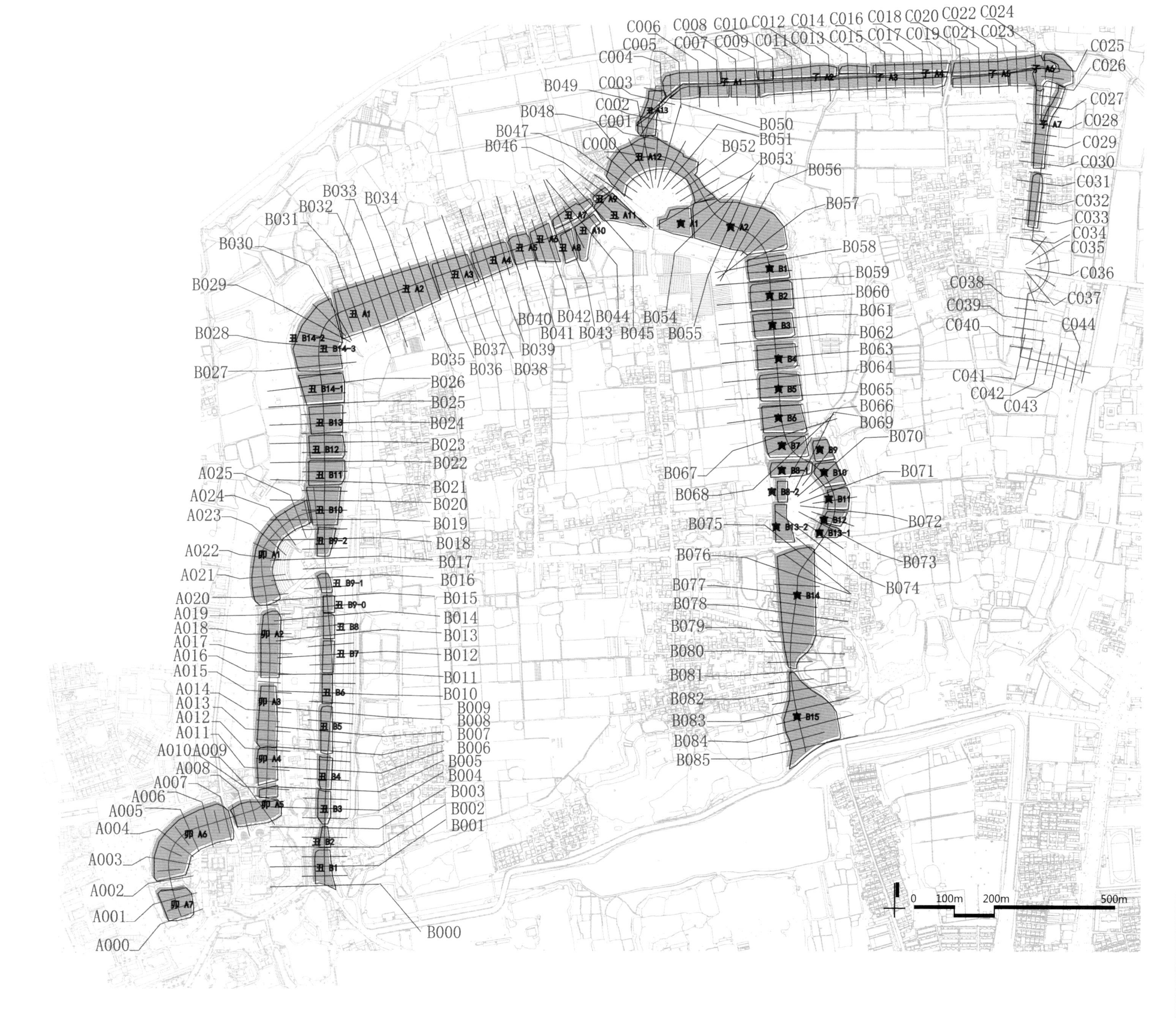
A000
A001
A002
A003
A004
A005
A006
A007
A008
A009
A010
A011
A012
A013
A014
A015
A016
A017
A018
A019
A020
A021
A022
A023
A024
A025
B000
B001
B002
B003
B004
B005
B006
B007
B008
B009
B010
B011
B012
B013
B014
B015
B016
B017
B018
B019
B020
B021
B022
B023
B024
B025
B026
B027
B028
B029
B030
B031
B032
B033
B034
B035
B036
B037
B038
B039
B040
B041
B042
B043
B044
B045
B046
B047
B048
B049
B050
B051
B052
B053
B054
B055
B056
B057
B058
B059
B060
B061
B062
B063
B064
B065
B066
B067
B068
B069
B070
B071
B072
B073
B074
B075
B076
B077
B078
B079
B080
B081
B082
B083
B084
B085
C000
C001
C002
C003
C004
C005
C006
C007
C008
C009
C010
C011
C012
C013
C014
C015
C016
C017
C018
C019
C020
C021
C022
C023
C024
C025
C026
C027
C028
C029
C030
C031
C032
C033
C034
C035
C036
C037
C038
C039
C040
C041
C042
C043
C044
0
100m
200m
500m

现状河道宽度分析图

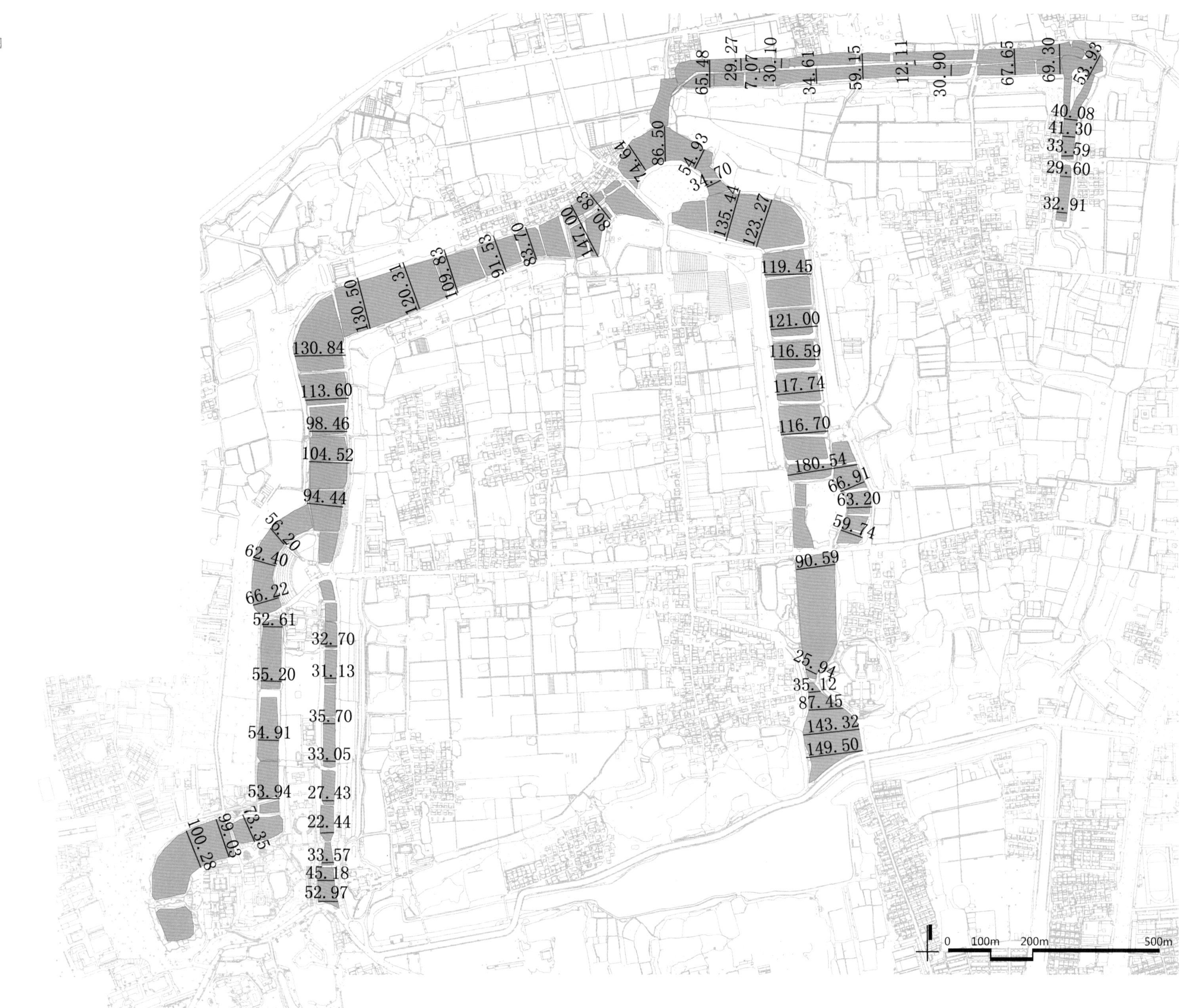
65.48
29.27
7.07
30.10
34.61
59.15
12.11
30.90
67.65
69.30
53.93
40.08
41.30
33.59
29.60
32.91
74.64
86.50
54.93
34.70
135.44
123.27
147.00
80.83
83.70
91.53
109.83
120.31
130.50
119.45
121.00
116.59
117.74
116.70
180.54
66.91
63.20
59.74
90.59
130.84
113.60
98.46
104.52
94.44
56.20
62.40
66.22
52.61
32.70
55.20
31.13
35.70
54.91
33.05
53.94
27.43
22.44
73.35
99.03
100.28
33.57
45.18
52.97
25.94
35.12
87.45
143.32
149.50
0
100m
200m
500m

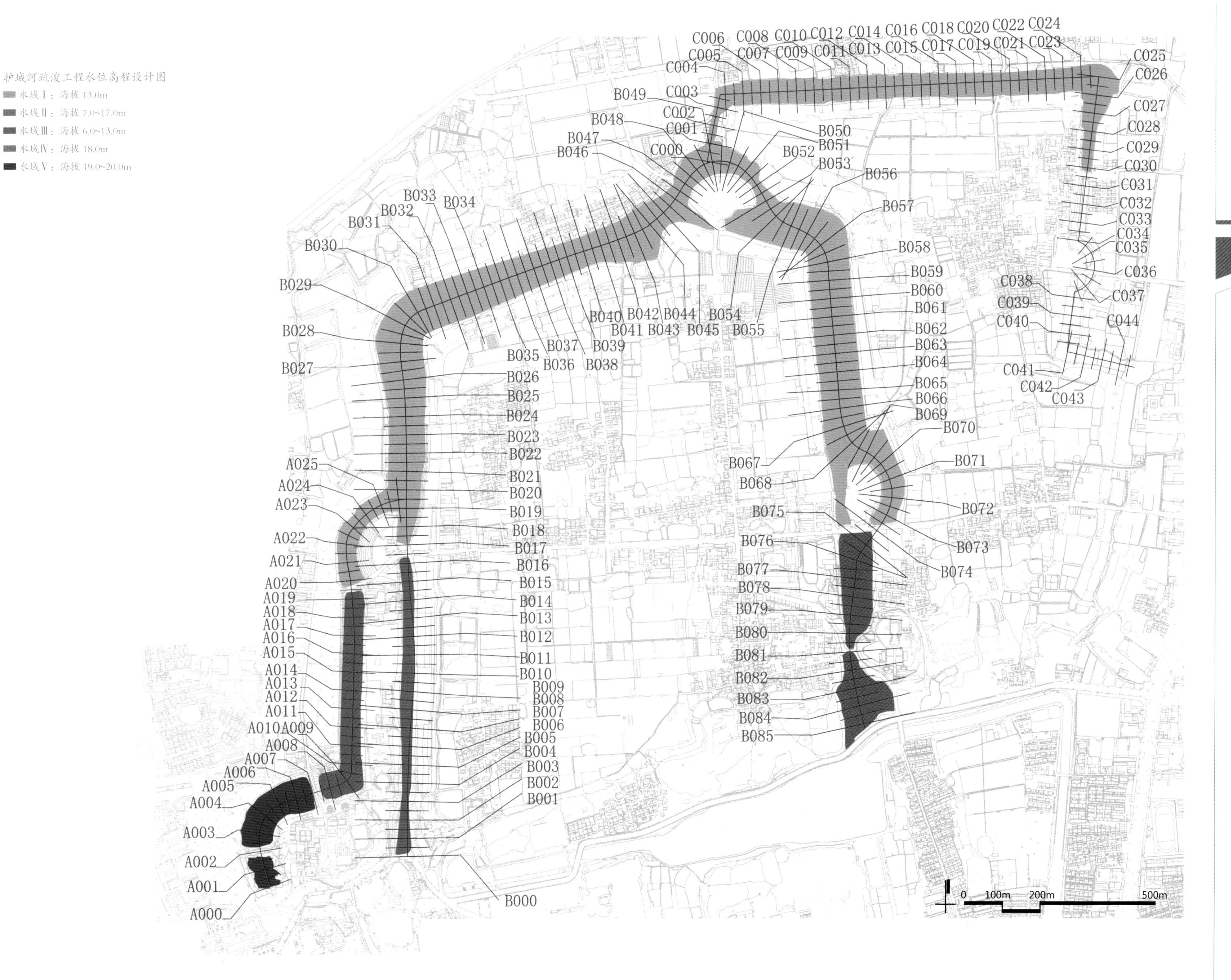

护城河疏浚工程水位高程设计图
水域Ⅰ：海拔 13.0m
水域Ⅱ：海拔 7.0~17.0m
水域Ⅲ：海拔 6.0~13.0m
水域Ⅳ：海拔 18.0m
水域Ⅴ：海拔 19.0~20.0m
0 100m 200m 500m
A000
A001
A002
A003
A004
A005
A006
A007
A008
A009
A010
A011
A012
A013
A014
A015
A016
A017
A018
A019
A020
A021
A022
A023
A024
A025
B000
B001
B002
B003
B004
B005
B006
B007
B008
B009
B010
B011
B012
B013
B014
B015
B016
B017
B018
B019
B020
B021
B022
B023
B024
B025
B026
B027
B028
B029
B030
B031
B032
B033
B034
B035
B036
B037
B038
B039
B040
B041
B042
B043
B044
B045
B046
B047
B048
B049
B050
B051
B052
B053
B054
B055
B056
B057
B058
B059
B060
B061
B062
B063
B064
B065
B066
B067
B068
B069
B070
B071
B072
B073
B074
B075
B076
B077
B078
B079
B080
B081
B082
B083
B084
B085
C000
C001
C002
C003
C004
C005
C006
C007
C008
C009
C010
C011
C012
C013
C014
C015
C016
C017
C018
C019
C020
C021
C022
C023
C024
C025
C026
C027
C028
C029
C030
C031
C032
C033
C034
C035
C036
C037
C038
C039
C040
C041
C042
C043
C044

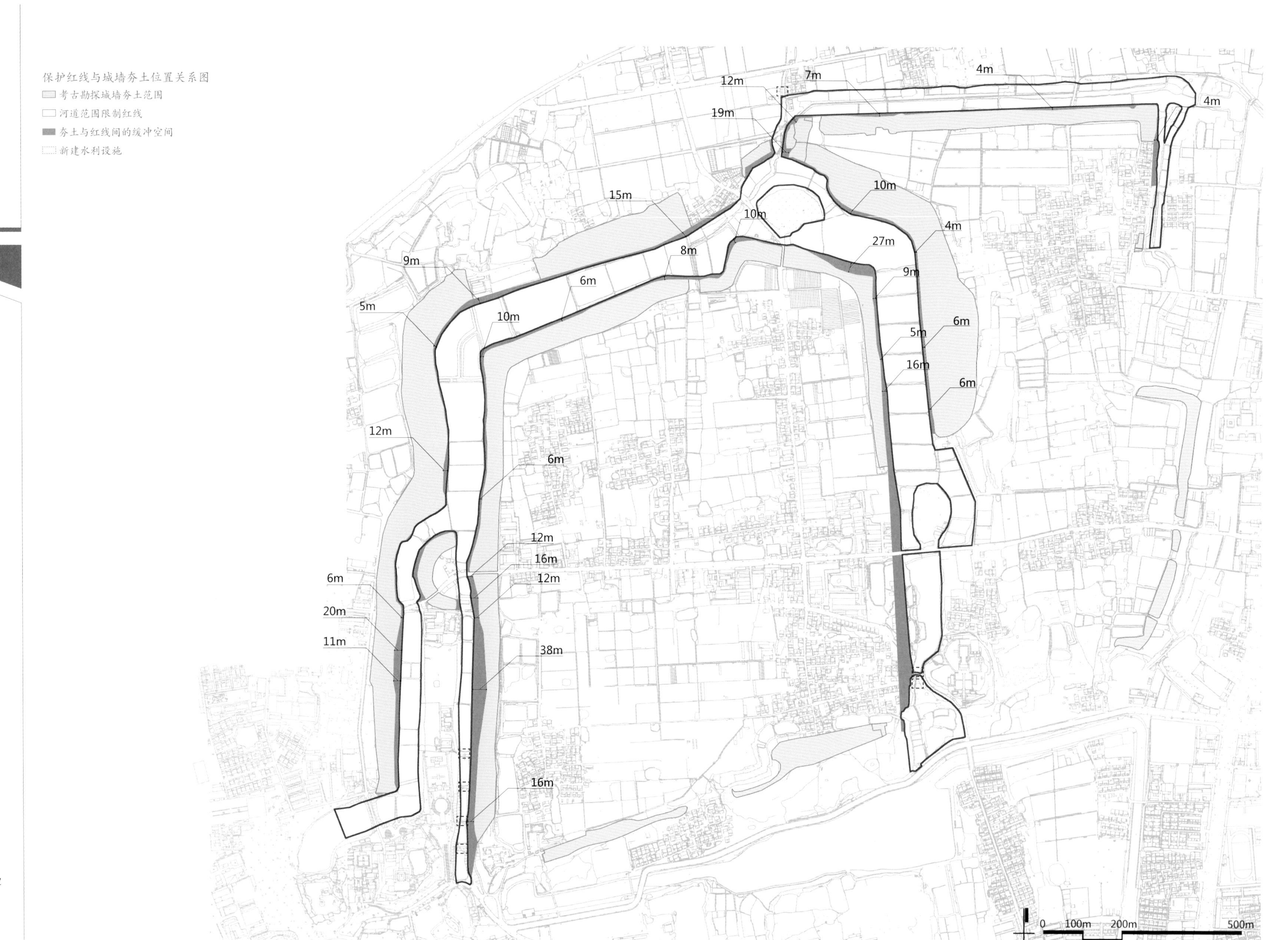

保护红线与城墙夯土位置关系图

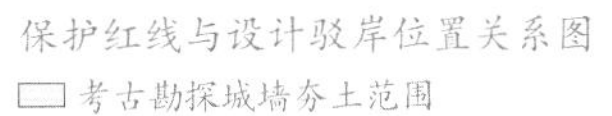

保护红线与设计驳岸位置关系图

考古勘探城墙夯土范围

河道范围限制红线

夯土与红线间的缓冲空间

设计驳岸线

驳岸线与红线间的缓冲空间

新建水利设施

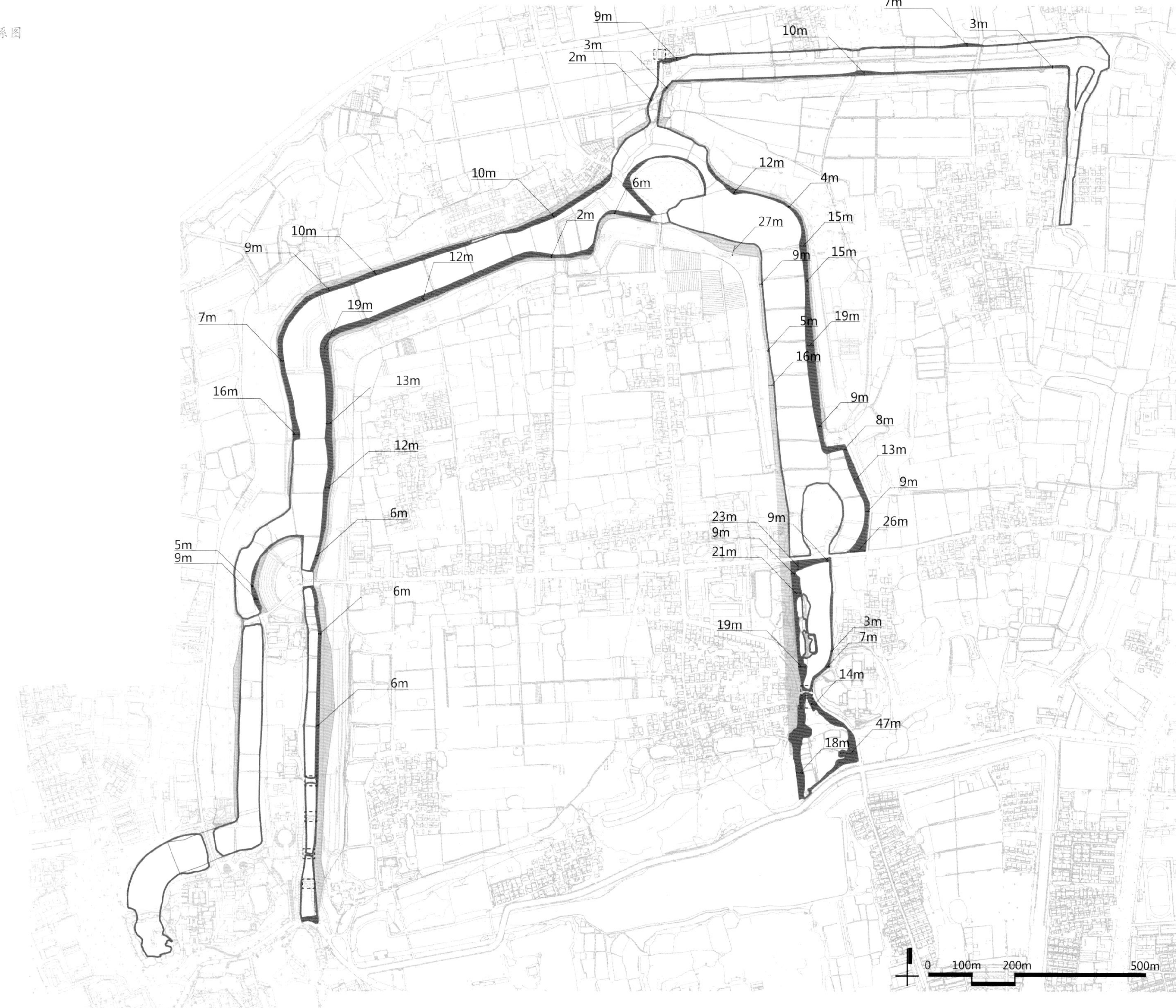

设计驳岸线与常水位线水平位置关系图

- 考古勘探城墙夯土范围
- 河道范围限制红线
- 夯土与红线间的缓冲空间
- 设计驳岸线
- 驳岸线与红线间的缓冲空间
- 驳岸线与常水位间的缓冲空间
- 新建水利设施

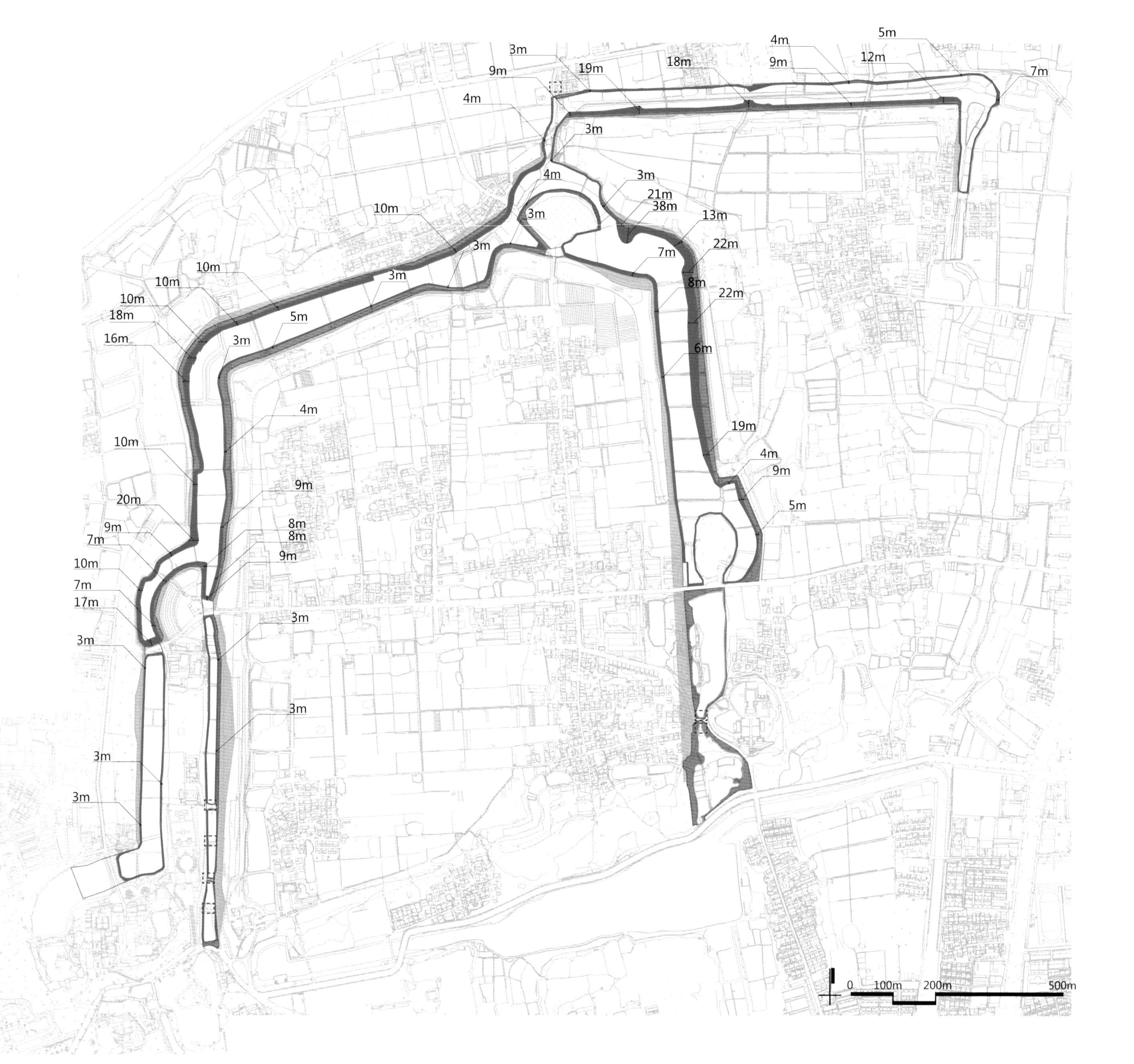

驳岸位置工程设计图

新建水利设施

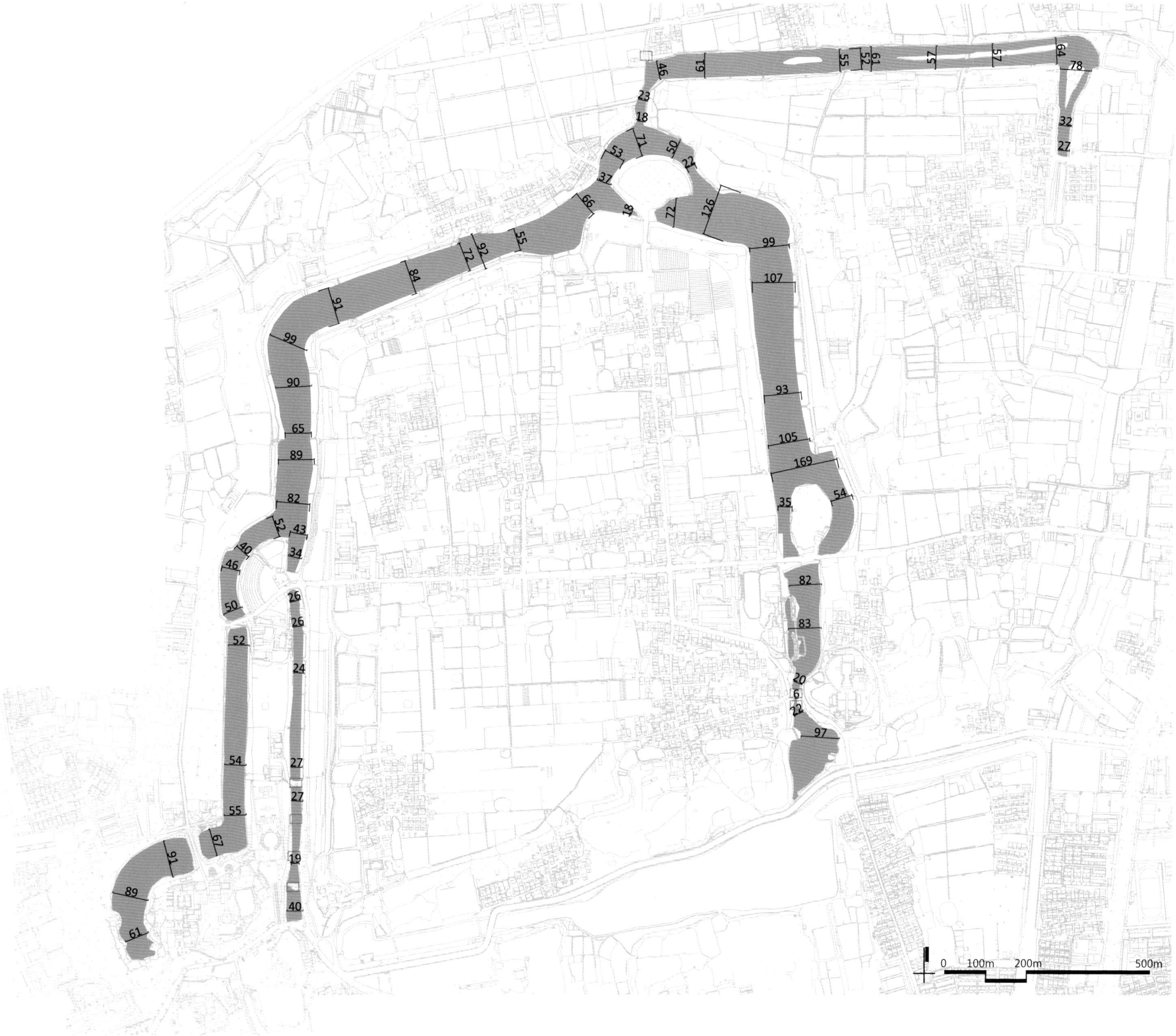

0 100m 200m 500m

河底位置工程设计图

新建水利设施

0 100m 200m 500m

常水位水面范围设计图

新建水利设施

设计驳岸与现状驳岸位置关系示意图

驳岸改造范围

新建水利设施

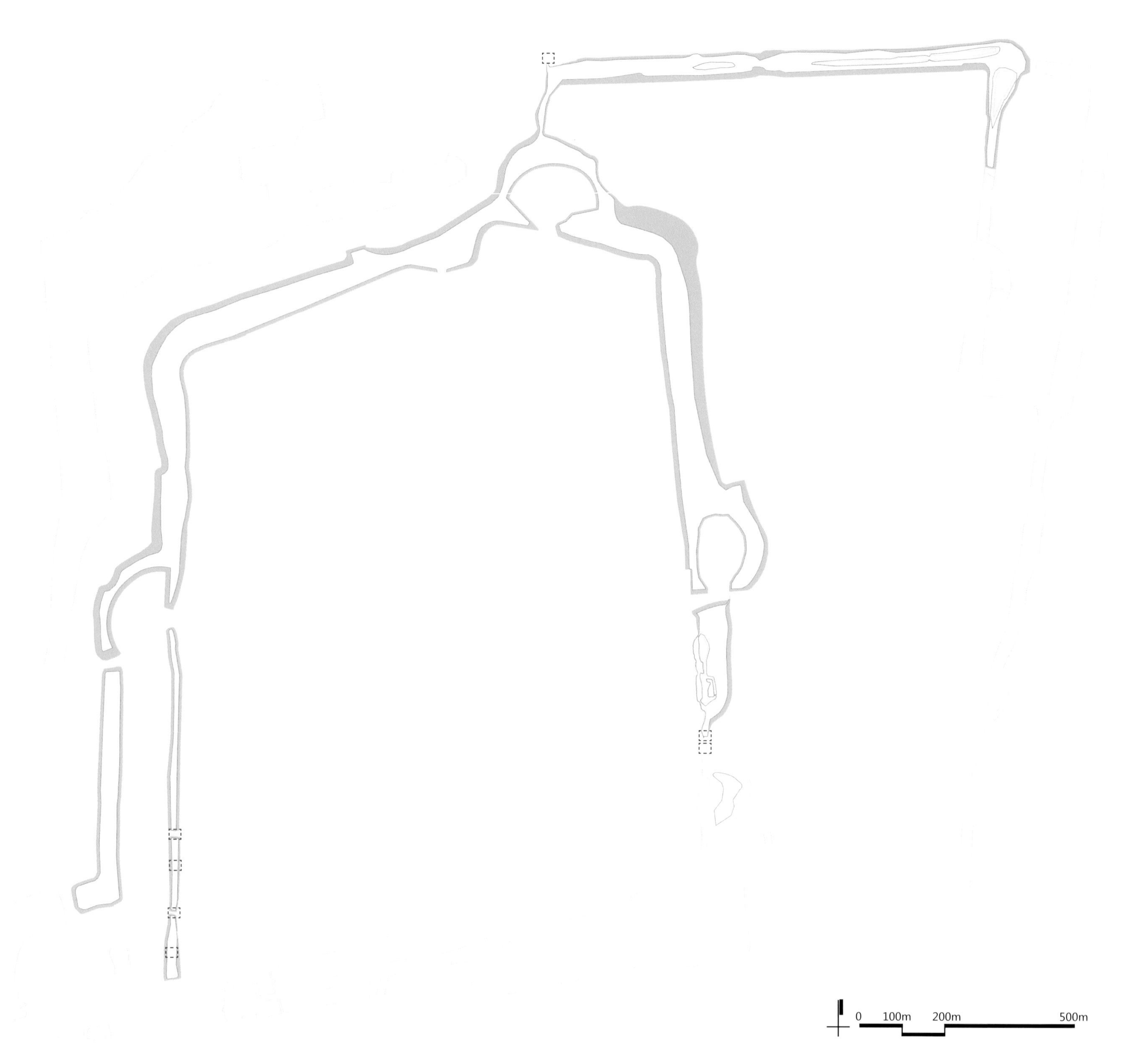

护城河保护第一期工程与周边水系关系示意图

本期工程

周边水系

新建水利设施

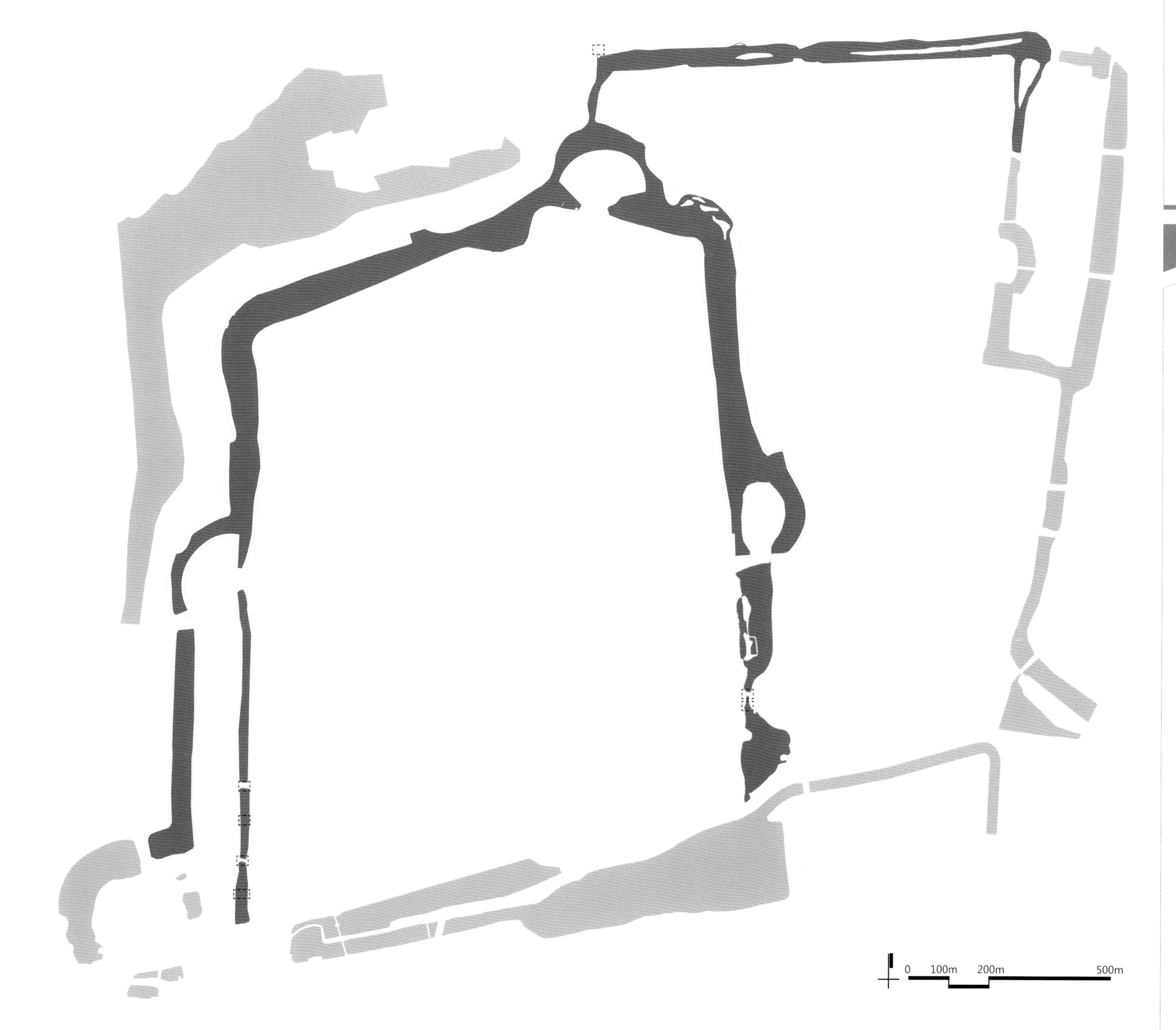

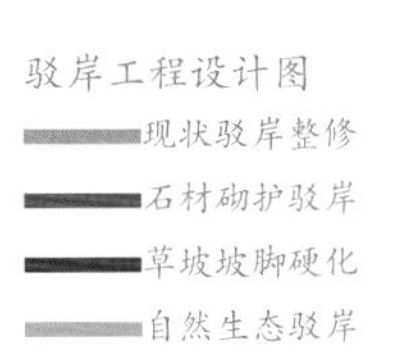
驳岸工程设计图
现状驳岸整修
石材砌护驳岸
草坡坡脚硬化
自然生态驳岸

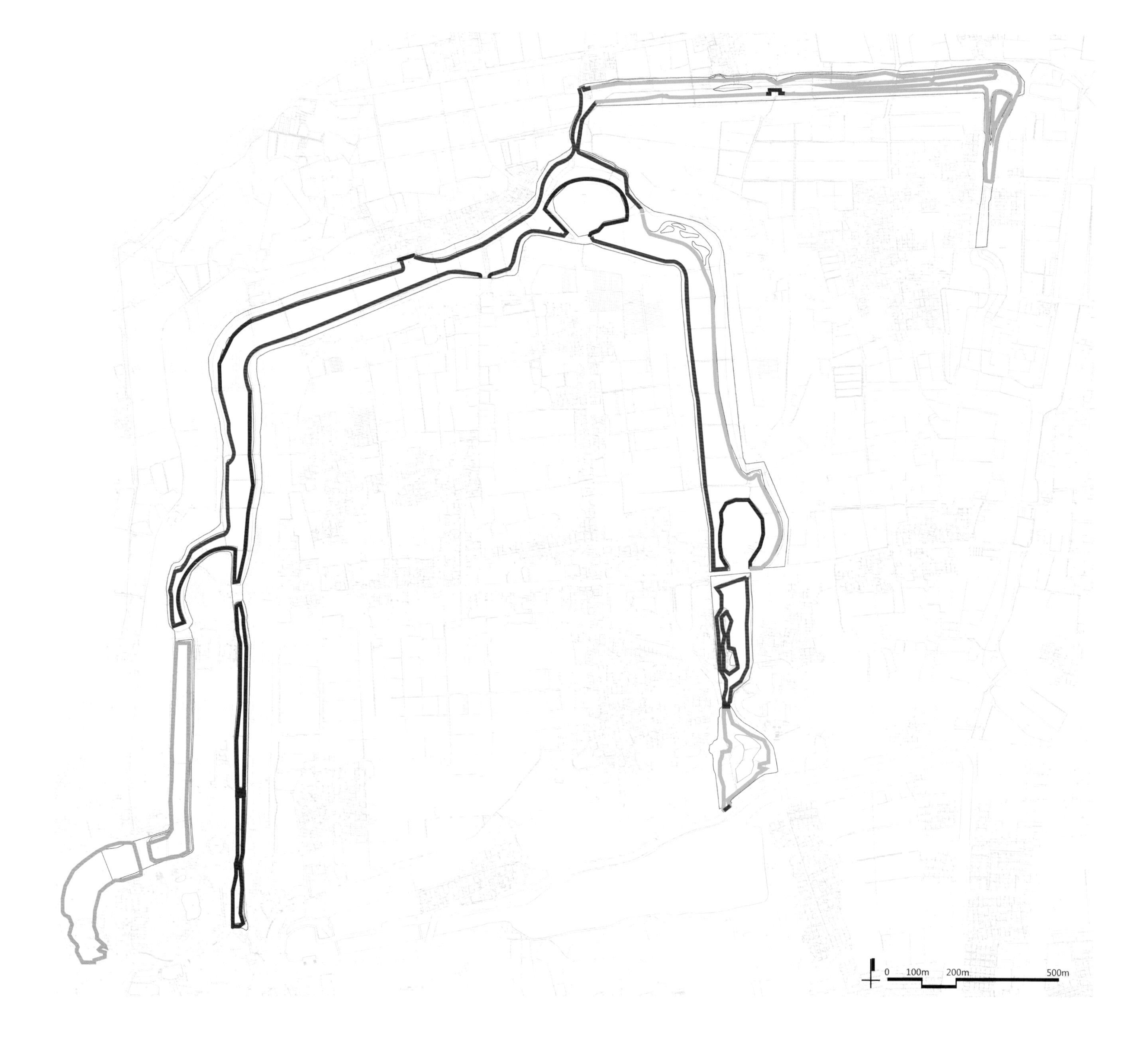
0
100m
200m
500m

驳岸设计一

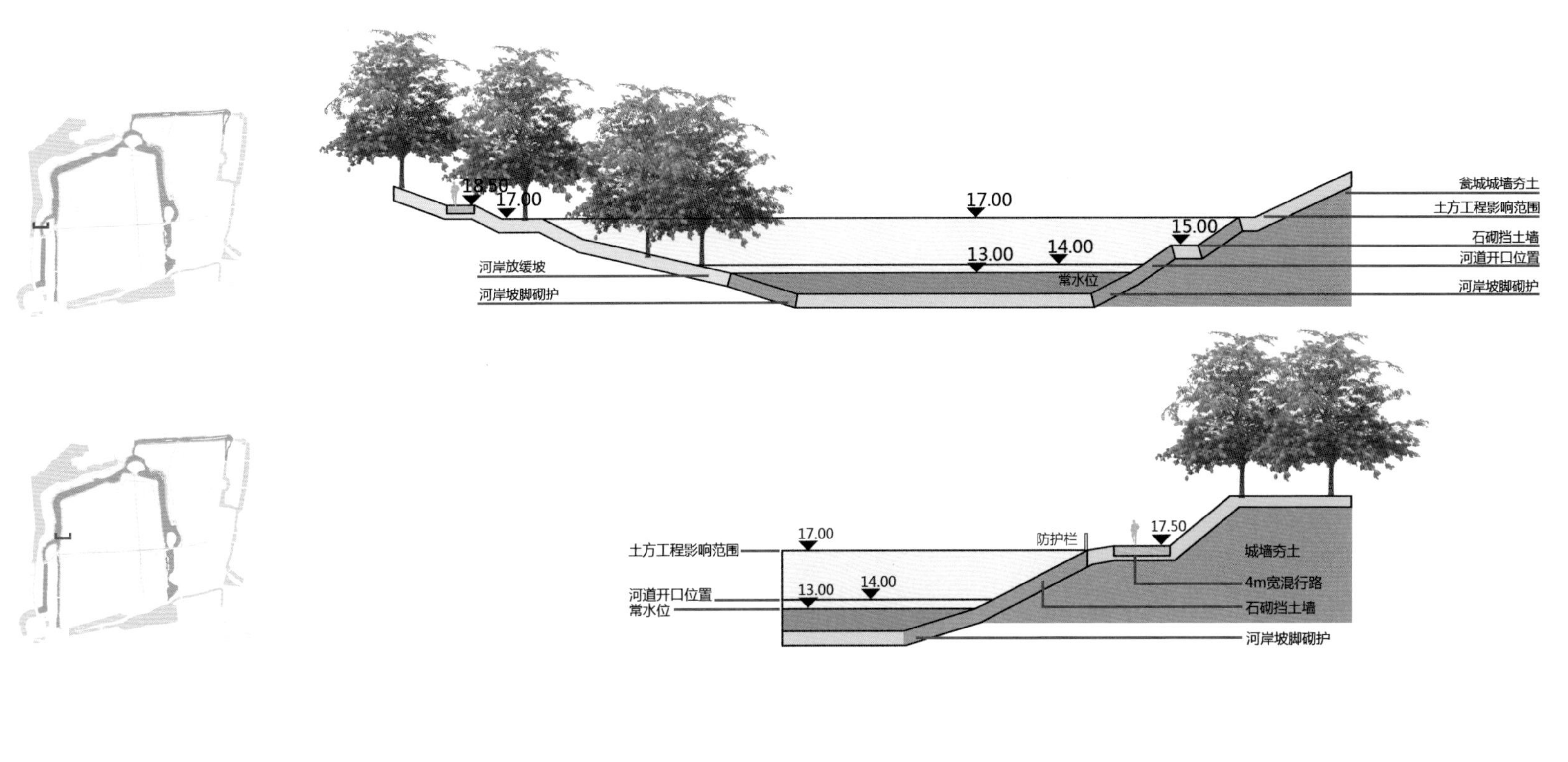
18.50
17.00
17.00
15.00
13.00
14.00
常水位
河岸放缓坡
河岸坡脚砌护
瓮城城墙夯土
土方工程影响范围
石砌挡土墙
河道开口位置
河岸坡脚砌护
土方工程影响范围
17.00
防护栏
17.50
城墙夯土
4m宽混行路
石砌挡土墙
河道开口位置
13.00
14.00
常水位
河岸坡脚砌护

驳岸设计二

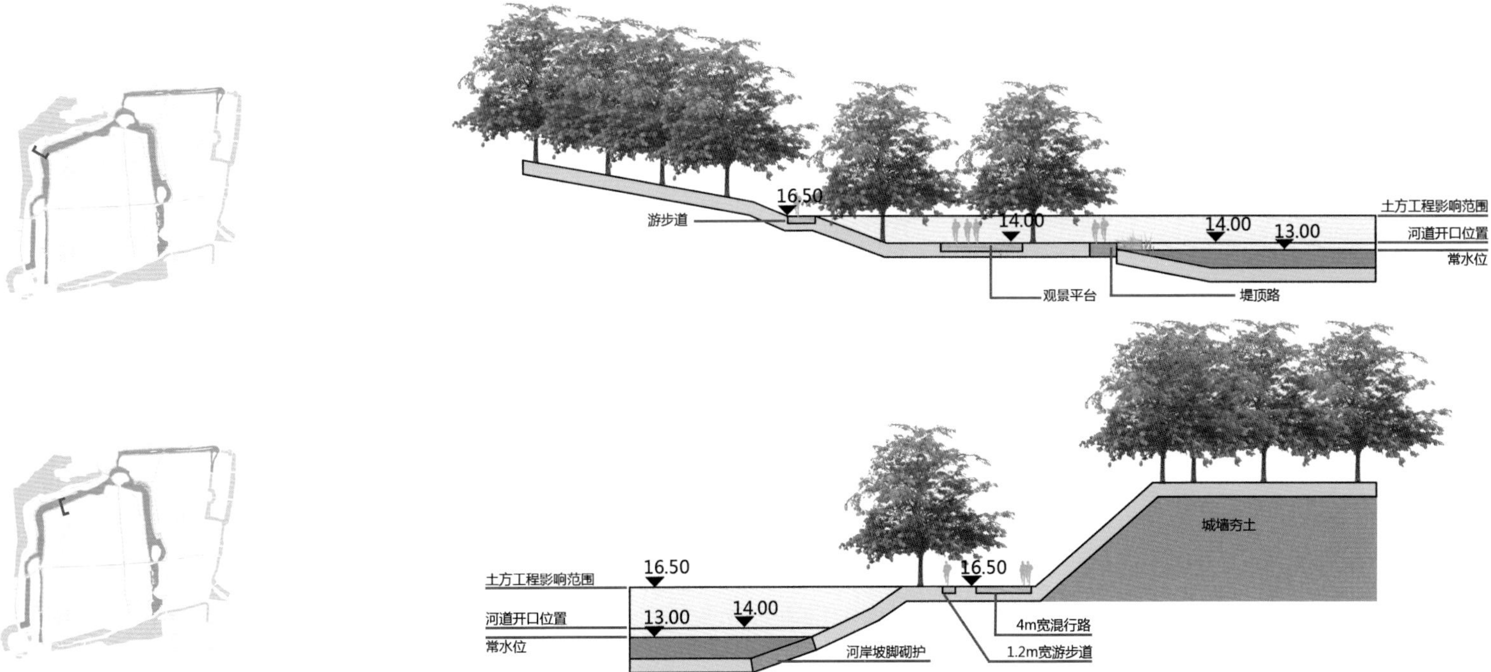
16.50
游步道
14.00
14.00
13.00
土方工程影响范围
河道开口位置
常水位
观景平台
堤顶路
城墙夯土
土方工程影响范围
16.50
16.50
河道开口位置
13.00
14.00
常水位
河岸坡脚砌护
4m宽混行路
1.2m宽游步道

驳岸设计三

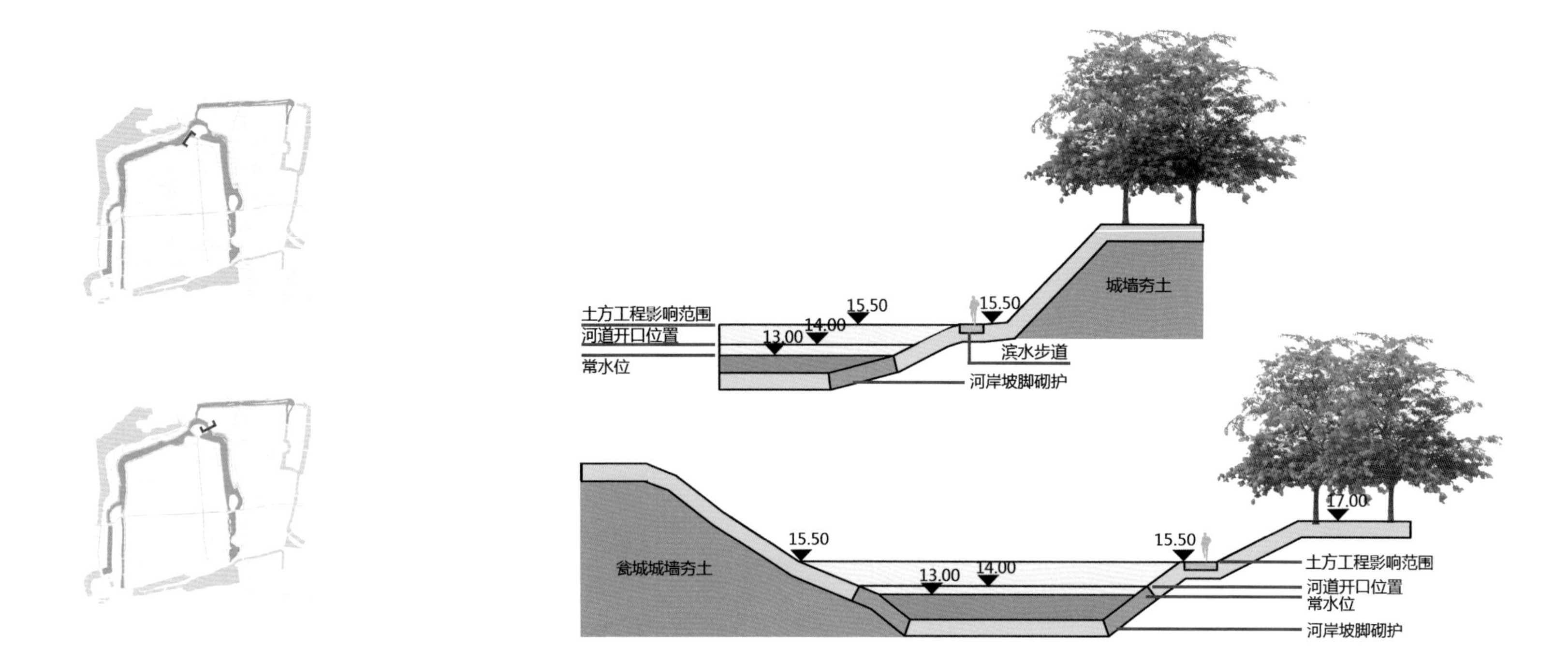
土方工程影响范围
河道开口位置
常水位
15.50
14.00
13.00
15.50
城墙夯土
滨水步道
河岸坡脚砌护
瓮城城墙夯土
15.50
13.00
14.00
15.50
17.00
土方工程影响范围
河道开口位置
常水位
河岸坡脚砌护

驳岸设计四

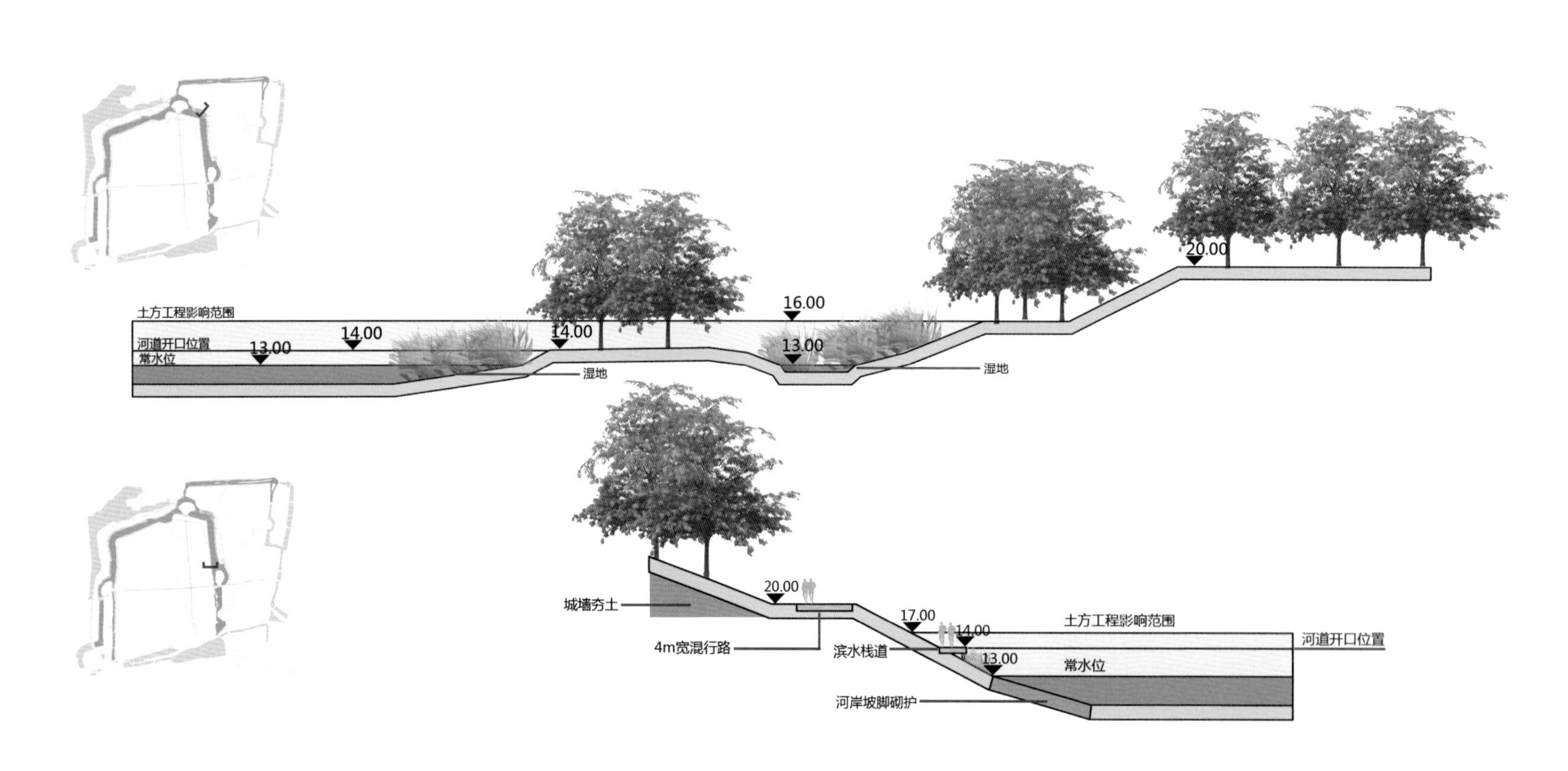
土方工程影响范围
河道开口位置
常水位
13.00
14.00
14.00
16.00
13.00
湿地
湿地
20.00
城墙夯土
20.00
4m宽混行路
滨水栈道
17.00
14.00
13.00
土方工程影响范围
河道开口位置
常水位
河岸坡脚砌护

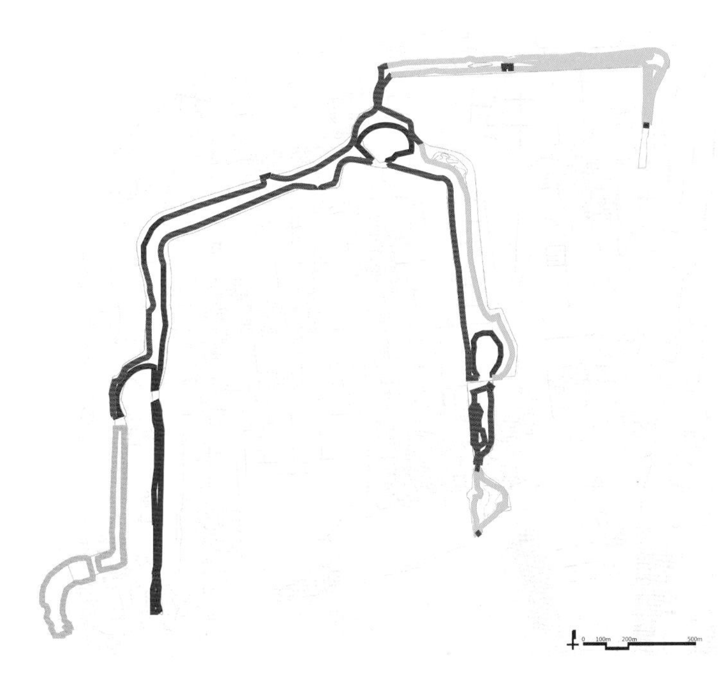

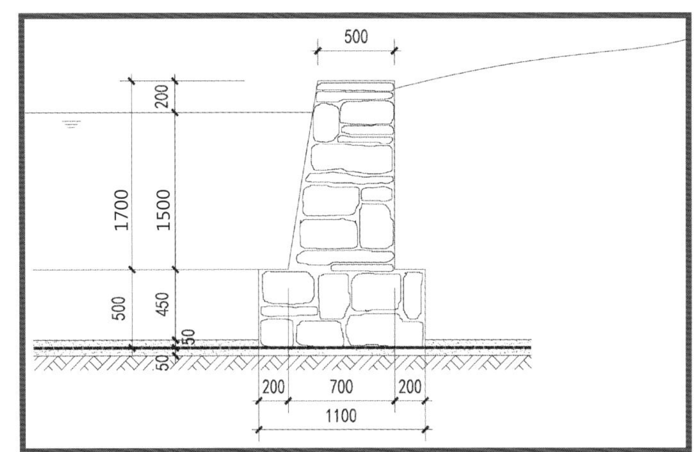

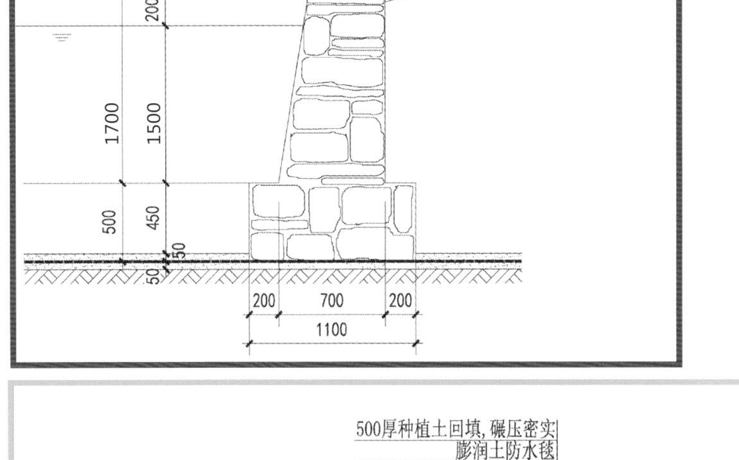

石砌挡土墙及河岸坡脚砌护做法示意图

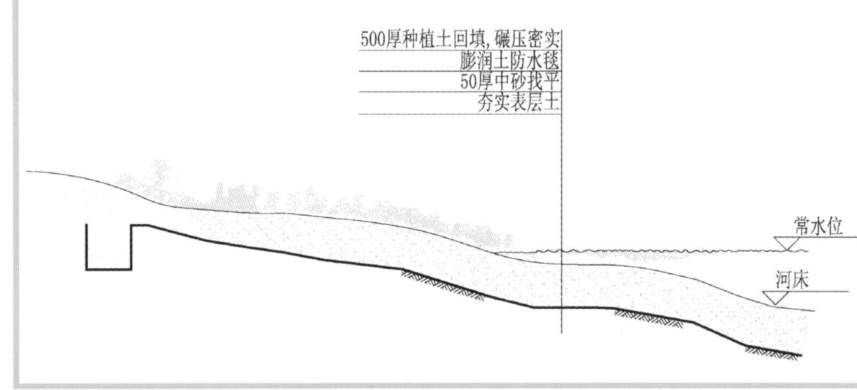

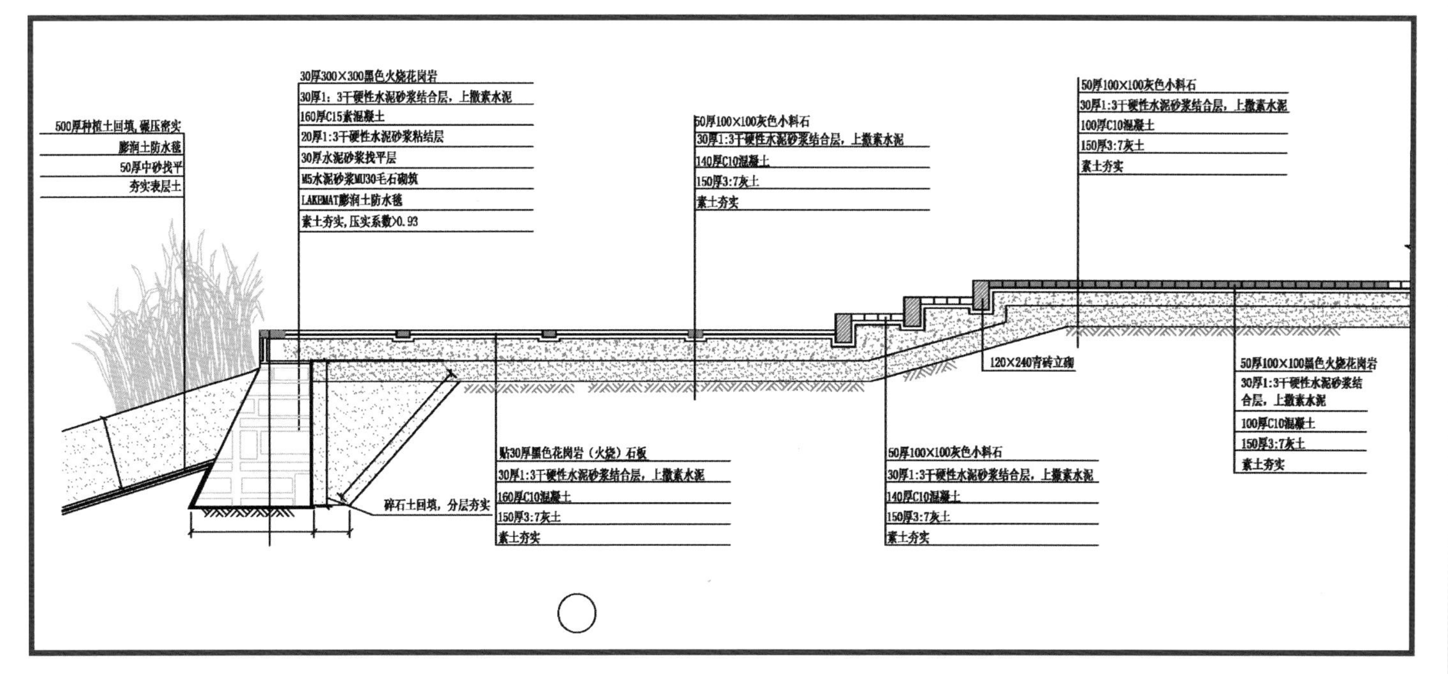

观景平台亲水驳岸做法示意图

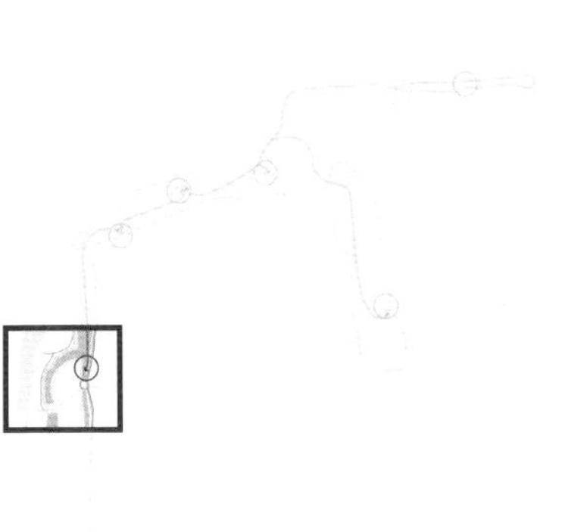
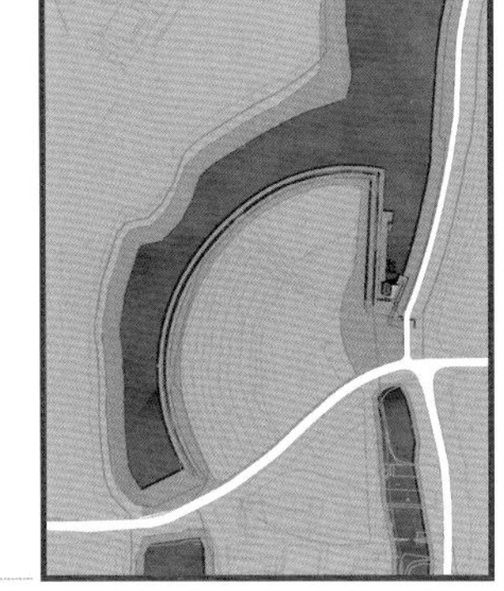

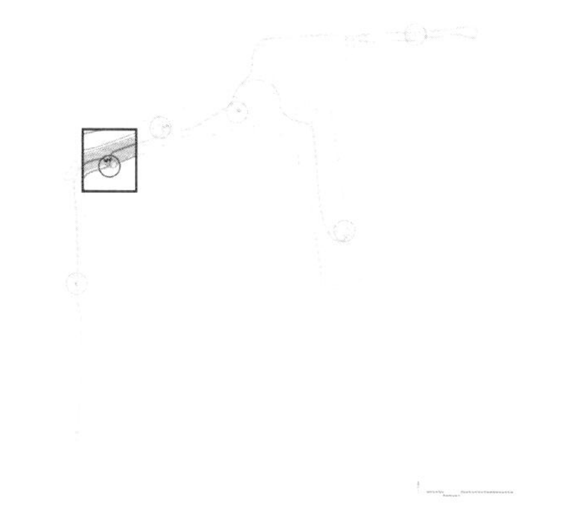

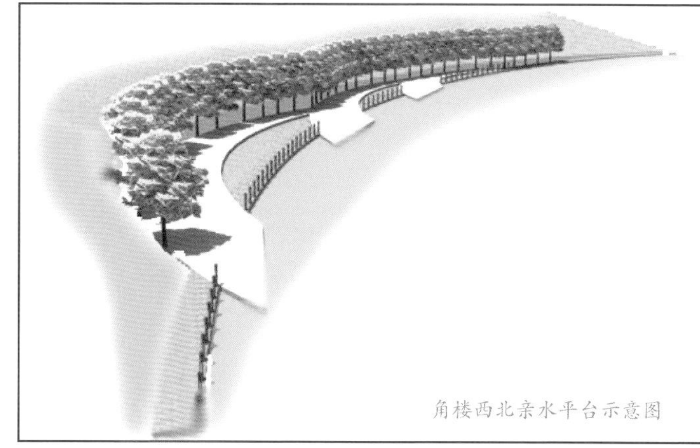

角楼西北亲水平台示意图

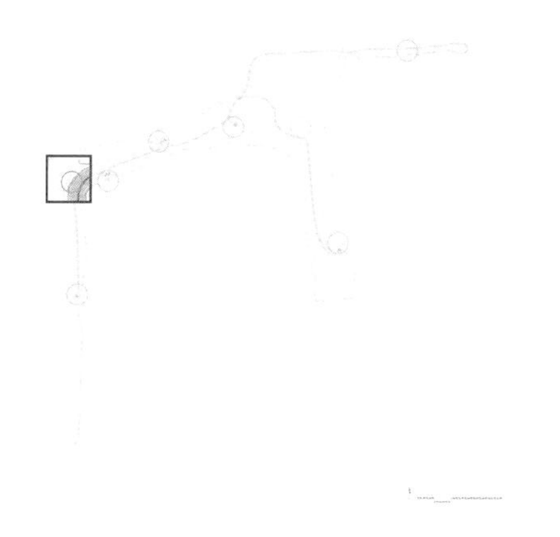

东门码头节点设计图

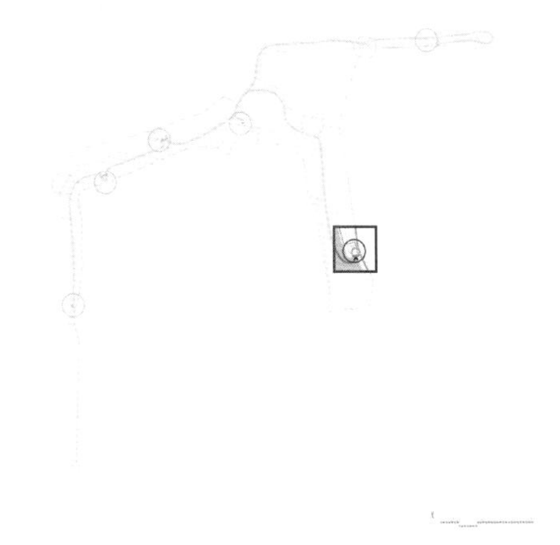

长阜码头节点设计图

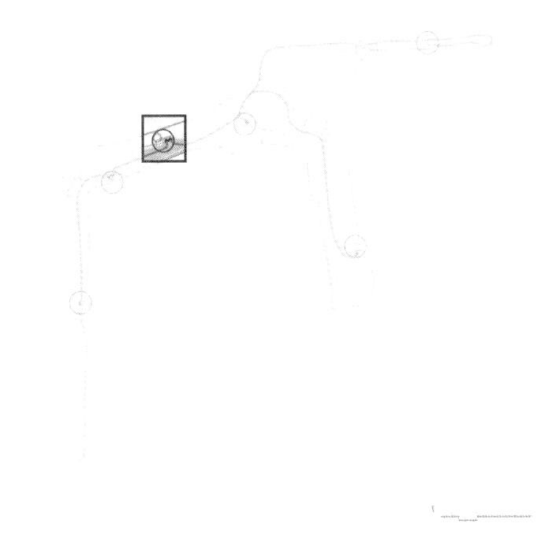

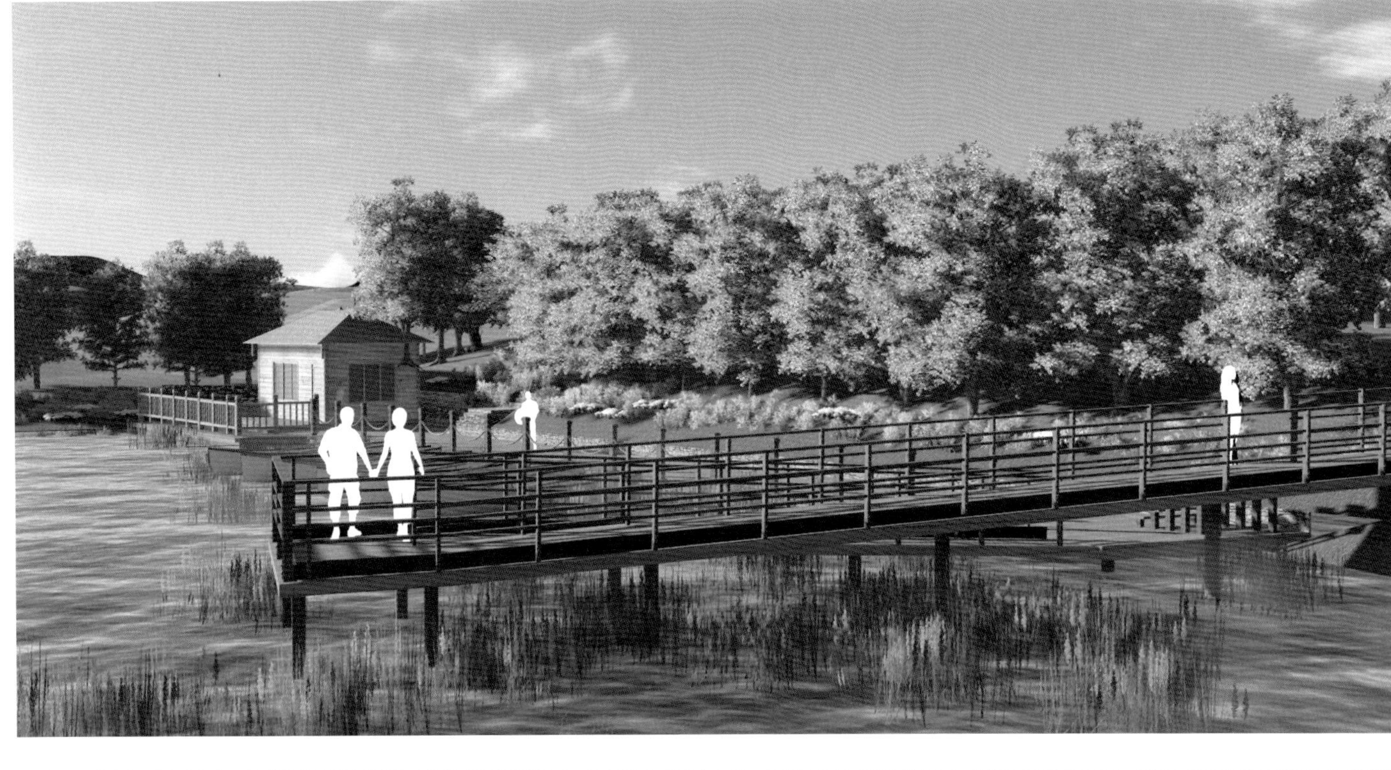

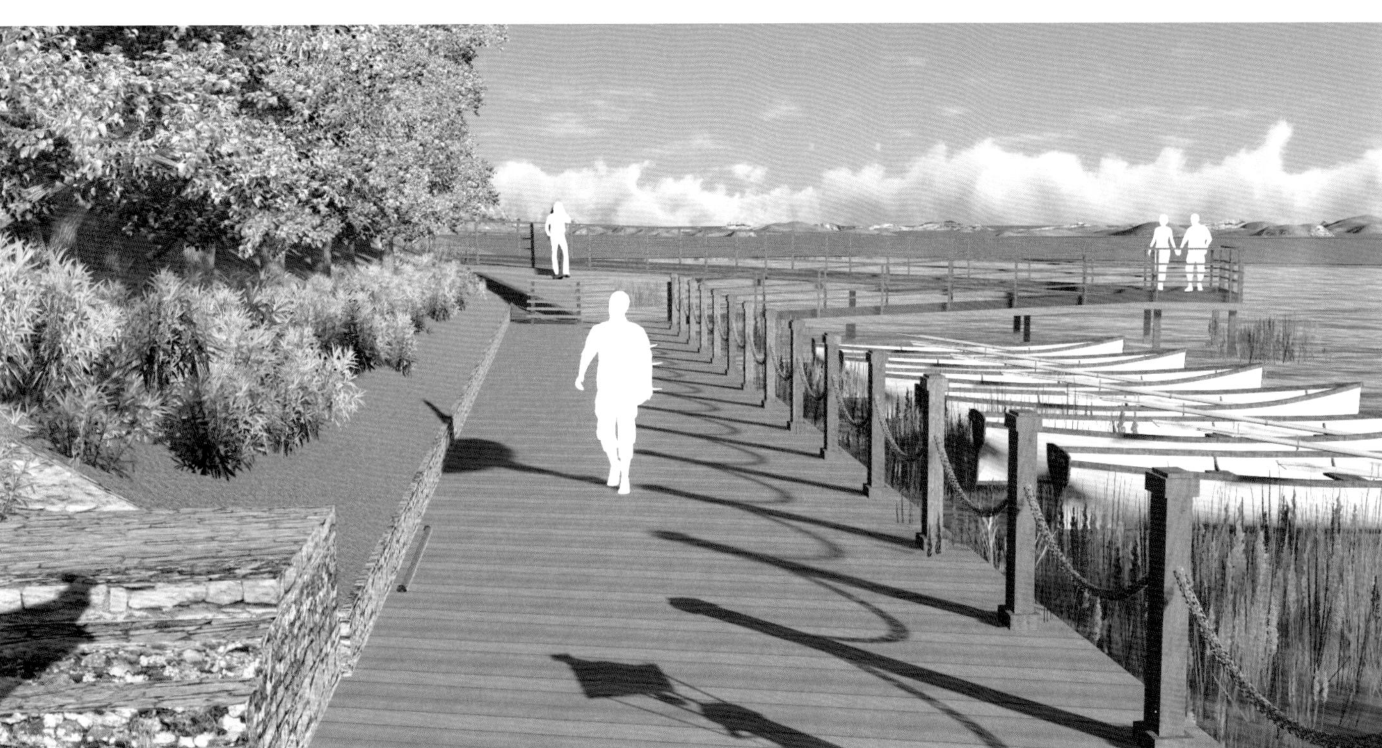

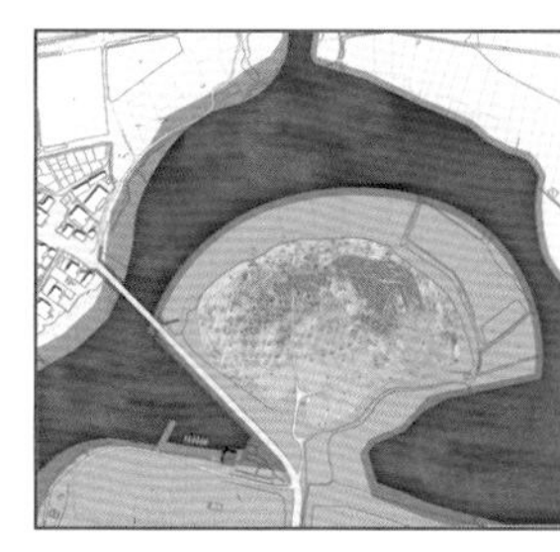

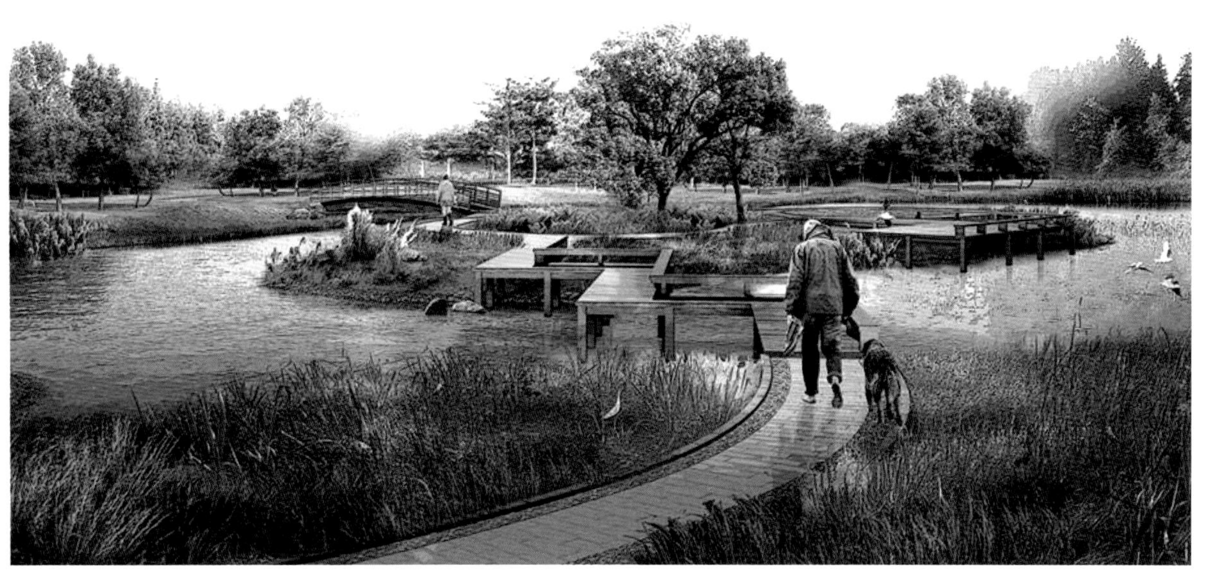

生态湿地景观设计意向图

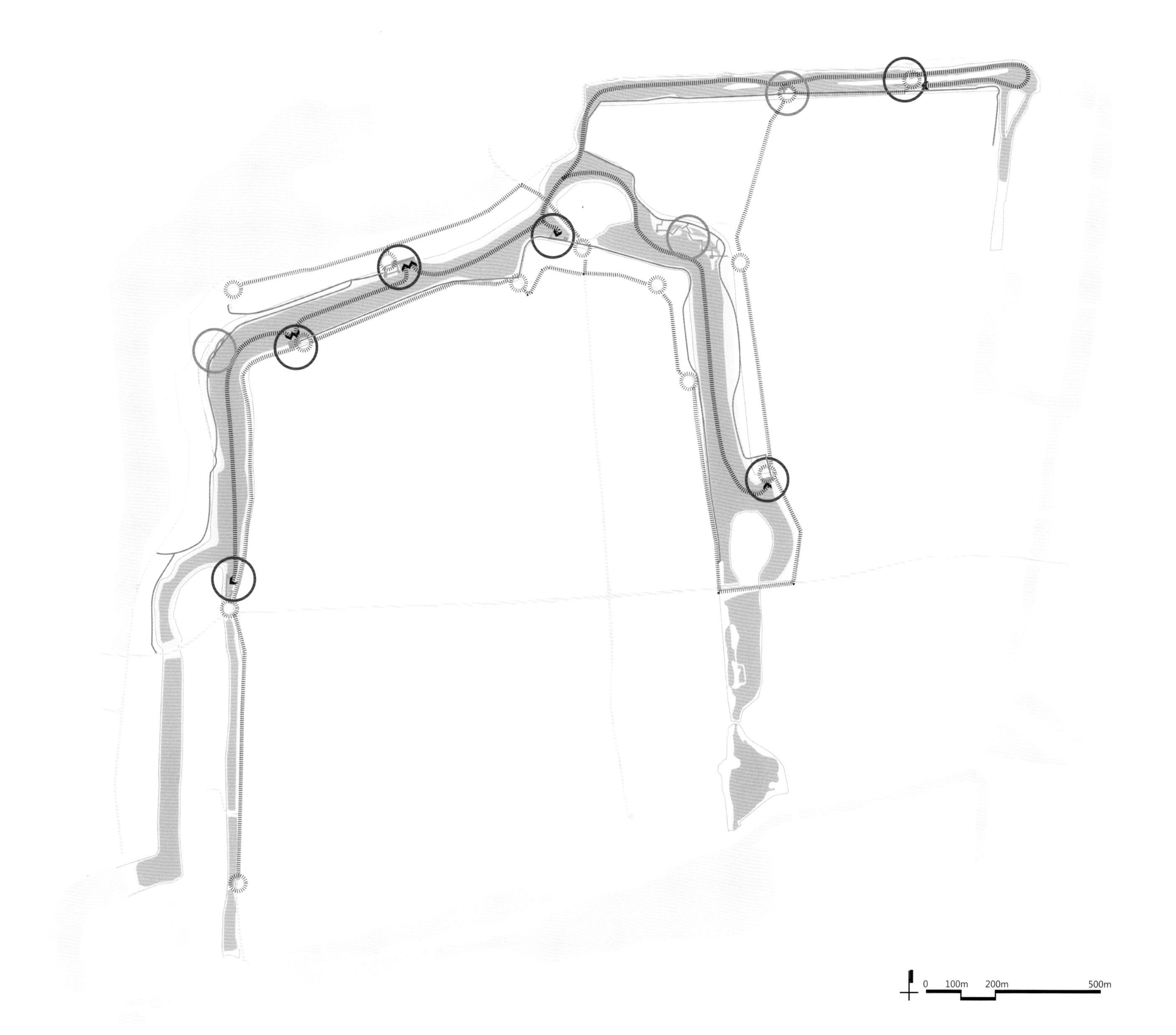

游览设施规划图

第四章

文本说明

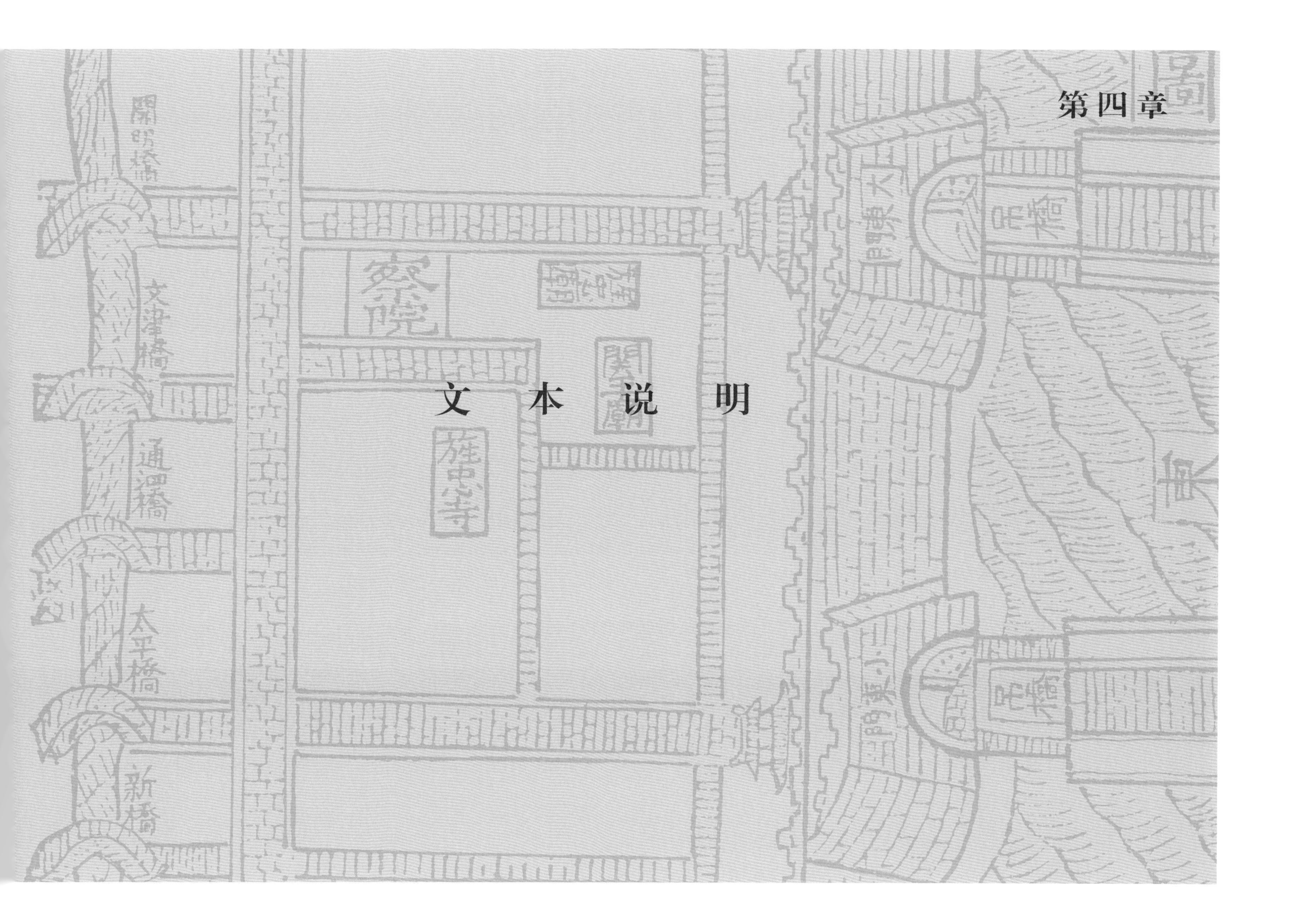

4.1 保护规划相关内容

本方案的上位规划文件包括《扬州城遗址（隋至宋）保护规划》（2011）及《扬州唐子城·宋宝城城垣及护城河保护与展示概念性设计方案》（2012）。前者就整个蜀岗上古代城址的总体保护与利用原则进行了必要的界定。后者则对前者的空间内容进行了深化，将空间内容的结构特征和保护展示需求进行了可行性的配位，对保护对象的主要内容、结构特征、保护方式以及展示利用结构进行了明确的界定，在蜀岗上古城址进一步被社会利用之前，进行了压力缓解的总体布局。后者对前者内容进行了必要的修正。与本次方案直接相关的内容包括如下。

《扬州城遗址（隋至宋）保护规划》（2011）[1]

[1]《扬州城遗址（隋至宋）保护规划》（2011）下文简称为"《保护规划》"。

1. 水系现存状况对应措施分级

《保护规划》对水系现存状况对应措施分四等级：

（1）评估等级为A级者，不需要整治，仅需要基本维护、监测与管理；（2）评估等级为B级者，须进行维护监测，改进管理措施，强化展示利用；（3）评估等级为C级者，须进行水体质量及周边环境优化，强化标识展示；（4）评估等级为D级者，须大力拓宽水体，整治改造，拆除占压原水体部分的建筑，之后展开考古工作。

2. 针对历史水系保存的不同状况，制定四类措施

《保护规划》建议针对历史水系保存的不同状况，制定四类措施：

（1）针对水系本体走向、规模完好且与周围城墙遗址等历史信息关联性较好的情况：严格保护水系边界的完整，严禁侵占水体的房屋建设，加强监控，严禁将水体向城墙一侧拓宽，水体两侧驳岸须进行规划设计，严禁使用砖石、水泥等破坏历史信息的现代建材，水体临近墙体一侧的绿化须经过规划设计，严禁种植高大的树种。（2）针对水体走向、规模完好且与周边城墙遗址等历史信息关联性较差（墙体在地面已经没有夯土遗存）的情况：为凸显城垣轮廓，对水体两岸上部叠压建筑不可能在短期内拆除的，叠压建筑到期之后应禁止建新的建筑，清理出来的城墙遗址地面，采用栽种植被、树立标识等方式进行保护展示。（3）针对水系本体走向完好、但规模较差且与周边城墙遗址信息关联性较差（城墙在地面上已经没有夯土遗存）的情况：为凸显城垣轮廓，对水体两岸上部叠压建筑不可能在短期内拆除的，叠压建筑拆除后，应禁止修建新的建筑物，清理出来的地面，将水体向非城墙一侧拓宽，或采用植被、标识等进行保护和展示。（4）针对水体走向、规模较差或完全无历史水系遗存的情况：加强考古工作，理清水系走向，对叠压在历史水系本体上不可能在短期内拆除的建筑区域，待到期拆除后，须禁止新的建筑物建设。清理出的地面，应进行考古工作，恢复水系走向和规模，利用植被或标识进行保护和展示。

《扬州唐子城·宋宝城城垣及护城河保护与展示概念性设计方案》（2012）中"护城河整治保护与展示"部分

2012年《方案》在遵循《扬州城遗址（隋至宋）保护规划》要求的基础上，拟定护城河保护展示的总原则为减缓或解除护城河面临的环境压力，水系构成以维护现状为主，通过适当疏浚以增强护城河的连通性，改善水质。疏浚工程的施工设计需以考古工作为基础，对护城河形制、驳岸处置方法、护城河（月河）与瓮城及城门的空间关系、护城河水体对驳岸及城墙和城门等本体构成的侵蚀、疏浚深度与通行

能力、护城河两侧空间尺度与道路体量设计、与旅游相关的码头及服务设施设置等等进行详细评估。《方案》分段对城壕的保护与整治进行了要求说明，其中与第一期工作相关的包括如下内容。

子城护城河

北城墙东段水域的治理有两种状况。其一，维持现状。将其北侧与之平行的水道一并考虑，同步实施；通过考古学和地质学评估，采取科学措施，加强中间岸“堤”的稳定性和安全性。其二，疏浚合一。如若通过考古工作，确认中间的“岸堤”形成时间晚于唐宋时期，则在疏浚工程中按照景观设计的要求进行改造。通过规划整理水系，形成开阔水面；建设翠堤长河，营造长阜苑意境。具体措施为：结合新农村建设规划，逐步调整并拆除驳岸北侧 50 米距离内的民居，其他现有村落建设统一规划，结合旅游，打造成乡村民俗特色园区；调整穿越道路；疏浚河道，破除拦截河道的南北向池塘堤坝；河道疏浚驳岸位置即河面宽度以现有宽度为基础，不再扩宽；疏浚深度不能影响现有驳岸的稳定性；该护城河道西端即尹家庄南段，现状为封闭，拟保持现状，并采取措施加强其稳定性；该段护城河东段即江家山坎东北段，拟与东侧护城河及河道沟通。……该地区的水域治理应注意结合城镇及新农村建设改造进行，严禁污水排入。同时，还应该考虑古城内居民等生活和生产污水的排泄通道设计问题等，具体方案由相关专业部门设计。

丑段水域

丑段水域包括宋宝祐城北城墙西段、西城墙外（含“瓮城”周边）水域，也即宋代延续唐代护城河的地段。总体治理措施为沟通水塘，拆除护城河驳岸边的相关房屋，进行环境整治和美化；展示设计拟将水道进行沟通，西城门外以南区域外，其他地段具备游船通行能力，应由水利部门设计并施工，以解决相关技术问题。西城门“瓮城”以南地段至观音山下，南北高差比较大，通过相关技术处理，使水域尽可能进行关联；观音山下的南端，采取适当阻断措施，既可保持护城河中的水面总体上与瘦西湖水面的一定连通性，又可防止护城河的水完全下泄至瘦西湖；疏浚河道，拆除阻隔护城河的池塘横堤，治理护城河现有驳岸两侧的乔木和灌木，降低其高度以显现水面；拆除占压护城河的道路和建筑等（具体技术方案由水利部门设计实施）。西城门“瓮城”以北地段至西河湾北地带即城垣西北城角外，护城河水域宽阔，主要是治理并确保驳岸的稳定性，调整影响水面景观的高大乔木和灌木。对西城门外“瓮城”外侧护城河和月河水域的处理，应以考古工作为基础，注意研究古代桥涵的问题，清淤严格控制深度和清理宽度。丑段水域拟与寅段和卯段水域进行联通，具备游船通行能力。该水域西部与北城墙“豁口”往外流出城址的水道结合部进行封闭化处理。后者现为古城内北部居民生活污水的排泄通道[2]，二者能否进行沟通，应由水利专业领域进行论证。

2 其原始性质或许为宋以前古城内往外的排水系统，其中某段或许为护城河。宋宝祐城北城门的设置及瓮城位置等都与此有关，尤其瓮城的西侧边缘应不超出之前位于此段的城墙夯土边缘。

寅段水域

寅段水域包括宋宝祐城东城墙和北城墙东段外侧的护城河，含三个城门瓮城的周边水域。规划主要是疏浚工作，疏浚水塘和瓮城周边（月河和围绕瓮城的护城河）水道，使之形成一体。对瓮城外侧护城河和月河的水域的处理，应以考古工作为基础，注意解决古代桥涵的问题，清淤应严格控制深度和清理宽度。南段与蜀岗下保障河的沟通，设置调控装置，但不能影响整体景观。具体技术方案由水利部门设计实施。北门区域采取交叉水体的方式，实现上层水面的联通，并且具备简易船只通行能力。沟通丑段、寅段和卯段水域，使其具备游船通行能力。

卯段水域

卯段水域是指北通西城门瓮城外侧护城河、往南半包平山堂城的水域。规划通过清淤和疏通，使其与丑段水域联通，具备游船通行能力。

辰段护城河及李庭芝“大城”外侧的护城河

经过卫星影像观测及实地勘察，目前已经基本能够确认，李庭芝“大城”（“戊段”大土垄）西北侧及北侧，也应保存有护城河遗迹。规划不做过多干预，逐步引导并向湿地方面发展。西侧外围种植具有遮挡作用的乔木，以缓解西部建成区楼房对遗址景观的负面影响。

4.2 城墙护城河展示方案相关内容

表4—1

护城河段落编号	护城河段落位置	主要留存特征、压力及病害分析	保护与展示措施
子A	北城墙东段水域	渔业侵占，水体割裂（见《规划说明》)。唐子城北墙外侧护城河除北门区域水道淤积较窄，水质污浊，两岸部分地段被辟为耕地外，其他地段现均已辟为水塘。水面开阔，状态良好	近期进行清淤、疏通、控制鱼塘规模、向城门一侧严格限建、清理垃圾、改善水质。远期则须结合居民安置调整，逐步打破鱼塘水域界格，形成连续水面。重新设计驳岸，进行绿化（见《规划说明》)。北城墙东段水域的治理将其北侧与之平行的水道一并考虑，同步实施，加强中间岸“堤”的稳定性和安全性。通过规划整理水系，形成开阔水面。建设翠堤长河，营造长阜苑意境
子B	东城墙外的护城河	唐子城东墙外侧护城河形态结构留存最差。北段淤塞严重。水面窄小，干涸状态严重；茅山公墓和其北竹园公墓近400米长地段，河道基本淤塞，平毁十分严重；“东华门”南北两侧护城近400米长地段，淤积状况同样十分严重	东城墙外的护城河治理应与沿友谊路西侧并行的水道统一规划，沟通水面成为一体。护城河清淤应以考古工作为基础，严格控制深度和清理宽度。同时还应注意妥善解决护城河治理与城门保护展示的关系。将子城北城墙外和东城墙外的护城河，以及沿友谊路西侧并行的水道进行沟通。具体工程方案由相关单位设计和实施。子段水域沟通后，具备游船通行能力。该地区的水域治理应注意结合城镇及新农村建设改造进行，严禁污水排入。同时，还应该考虑古城内居民等生活和生产污水的排泄通道设计问题等
丑A	宋宝祐城北城墙西段	水域广阔，最宽处或在110米以上，被鱼塘割裂	沟通水塘，拆除护城河岸边的相关房屋，进行环境整治和美化。提高水质量。与远期的西北角楼展示相结合，为其构成较好的展示背景环境。逐步拆除与遗址展示主题不相干的现代建筑物。丑段水域拟与寅段和卯段水域进行联通，具备游船通行能力
丑B	西城墙外（含瓮城周边）水域	瓮城以南区域之观音山段，南部淤塞，北部则为鱼塘所割裂，近瓮城处，有建筑占压水道	沟通水塘，拆除护城河岸边的相关房屋，进行环境整治和美化。西城门瓮城以南地段至观音山下，南北高差比较大，通过相关技术处理，使水域尽可能进行关联。观音山下的南端，采取阻断措施，防止护城河的水下泄至瘦西湖。具体技术方案由水利部门设计实施。西城门瓮城外侧护城河和月河的水域进行应以考古工作为基础，注意解决桥的问题，清淤严格控制深度和清理宽度

续表

护城河段落编号	护城河段落位置	主要留存特征、压力及病害分析	保护与展示措施
寅 A	宋宝城北城墙东段外	形态轮廓明显，与羊马城之间淤积干涸十分严重，月河东半部与北墙间，有小片农田，东折处则为宽阔的鱼塘水域	疏浚水塘和瓮城周边（月河和围绕瓮城的护城河）水道，使之形成一体。瓮城外侧护城河和月河的水域进行应以考古工作为基础，注意解决桥的问题，清淤严格控制深度和清理宽度。北门区域采取交叉水体的方式，实现上层水面的联通，并且具备简易船只通行能力。沟通丑段、寅段和卯段水域，具备游船通行能力
寅 B	宋宝城东城墙外	水面总体保存较好，岸线清晰。瓮城以北河道部分，现为数处鱼塘和农田交互占据，以南则只有一小片水域还有留存（堡城路至相别桥）	南段与蜀岗下保障河的沟通，设置调控装置，但不能影响整体景观。具体技术方案由水利部门设计实施
卯 A	北通西城门瓮城外侧护城河	南北向部分全长约 490 米。形态轮廓清晰，北部为农田占压，以南均为鱼塘分割水域	规划通过清淤和疏通，使其与丑段水域联通，具备游船通行能力
卯 B	半包平山堂城部分	半包平山堂部分跨度在 250 米左右。宽度约有 90 米。北侧外部岸边为现代建筑占压，南部水体已为当地大明寺—平山堂景观构造所利用	打通闭塞部分的河道，南部维持其融入平山堂—大明寺景观的形象
辰 A	“大城”西北角外侧	扬州苏平冶金机械公司东北侧尚有一段轮廓清晰，但已经割裂为水塘与农田。南北跨度逾 500 米	加强考古工作，明确这一阶段外侧护城河水体的范围、走向、开挖与衔接方式等基本信息。规划不做过多干预，逐步引导并向湿地方面发展。西侧外围种植具有遮挡作用的禾木，以遮挡西部建成区楼房对遗址景观的负面影响
辰 B	有待调查	卫星影像显示北城墙外侧也应保存有护城河。应当将这一区域作为重点调研的区域	加强考古调查工作

4.3

现状调研详表

子段城壕

子A1		位置	尹家毫子东南侧，为子A段城壕西段		土地权属
		重要性	原城址内外环境界限、园区交通节点、考古资源过渡带（墙体、水关、城壕）		农村集体所有
本段城壕水面当前形制		长	东西长度约230米	宽	南北最宽阔处约70米
海拔高程		河岸	南侧边缘面控制点高约15米		
		水面	约14米		
水来源	自然积水	底部	约13米	水深	留存塘体深度约1米
城壕现地用形式		东西向引水渠将护城河分为南北两部分，引水渠基上杂草丛生，铺设水渠，西部南侧城壕内淤塞，部分城壕内长有较高的植物，子城墙体北侧段多处已开垦为农地。引水渠北侧均为尹家毫子村的农地。引水渠为数十年前协调地用和引水灌溉架设水渠所用的隔梁			
城壕现留存状况		不规则形态。区位明确，原始边界不清。引水渠基宽约12米			
驳岸地用及植被状况		基本为农业耕作用地			
城壕现有保护措施		没有特别进行处理。子城北墙相关夯土遗存直接濒临水面			
周围考古资源分布状况		子城北墙现有坍塌堆积宽度达40~50米不等			
城壕及墙体关系解析		子A1塘口南线与子城墙体外侧残存夯土遗存边沿基本一致			
周边现地用形式及相关人群数量		农地（油菜/小麦等）、野地（杂草/芦苇等）、个别现代墓葬			
现存城壕保护压力		近地农用干预较多			
现有规划或方案保护要求		子城墙体北侧培护、疏浚城壕、降低护城河水位、收缩现有水域面积、墙体植被系统景观设计、城壕北侧近水道路系统等			

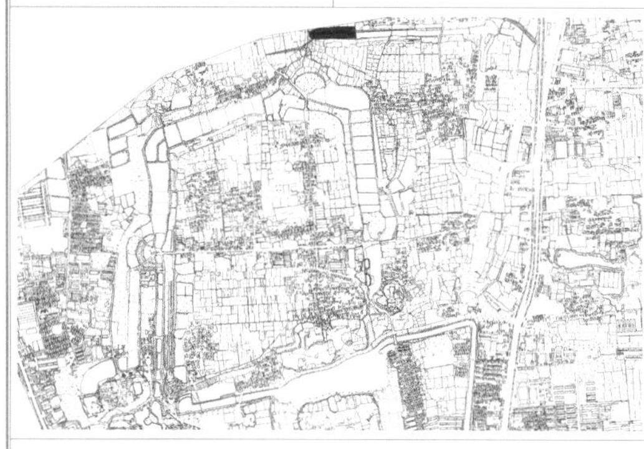

子A1 位置示意图

东侧淤塞状况

子城北墙、城壕水域及土垄

子城北墙北侧

子 A2	位置	尹家长庄南侧，为子 A 段城壕西段		土地权属
	重要性	子城北墙外侧护城壕遗存		农村集体所有
本段城壕水面当前形制	长	东西长度约 200 米	宽	南北最宽阔处约 66 米
海拔高程	河岸	南侧边缘面控制点高在渠基南侧坡下，高程约 16.5 米。北侧普遍偏低，控制点仅 15 米左右		
	水面	渠基南水面高程约 14~15 米。北部辟为农地，地表多在 14 米或以下		
水来源：自然积水	底部	水塘部分推约 13 米	水深	留存塘体深度约 1 米
城壕现地用形式	渠基上杂草丛生，铺设石质水渠，北侧已经完全用作农田。南侧则为鱼塘，水域较连贯			
城壕现留存状况	渠基隔梁宽约 15 米。形态不规则			
驳岸地用及植被状况	基本为农业耕作用地			
城壕现有保护措施	没有特别进行处理，子城北墙相关夯土遗存直濒临水面			
周围考古资源分布状况	子城北墙。现存墙体坍塌遗存宽度 46~50 米			
城壕及墙体关系解析	子 A2 塘口南线与子城墙体外侧夯土遗存边沿基本一致			
周边现地用形式及相关人群数量	农地（油菜 / 小麦等）、野地（杂草 / 芦苇等）、个别现代墓葬			
现存城壕保护压力	近地农用干预较多			
现有规划或方案保护要求	子城墙体北侧培护、疏浚城壕、降低护城河水位、收缩现有水域面积、墙体植被系统景观设计、城壕北侧近水道路系统等			

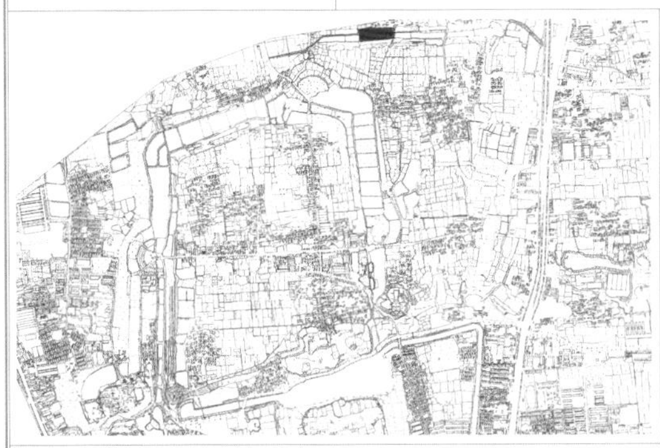

子 A2 位置示意图

局部子城北墙北坡

土垄北侧城壕农地和村落

土垄、城壕半部与北侧村落

子 A3	位置	尹家长庄东南侧，为子 A 段城壕中段		土地权属
	重要性	子城北墙外侧护城壕遗存		农村集体所有
本段城壕水面当前形制	长	东西长约 290 米	宽	南北最宽阔处约 65 米
海拔高程	河岸	南侧边缘面控制点在渠基南坡下，高程约 16 米，北侧普遍偏低，控制点仅 15.3 米		
	水面	渠基南水面高程约 14~15 米，北部辟为农地部分多数在 14 米以下		
水来源：自然积水，南部水域相对开阔完整	底部	水塘部分推测约 13 米	水深	留存塘体深度约 1 米
城壕现地用形式	中部引水渠基础上已经为耕地，北侧已经用作农田和鱼塘。南侧则基本均辟为鱼塘			
城壕现留存状况	水渠基础宽约 16 米。北侧城壕遗存宽约 22 米，南侧部大约宽 31 米。城壕整体区位明确，原始边界不清			
驳岸地用及植被状况	基本为农业耕作用地。北部村落向塘口侧侵占现象较多			
城壕现有保护措施	没有特别进行处理。现有墙体坍塌堆积北侧夯土遗存直接濒临水面			
周围考古资源分布状况	子城北墙地表坍塌堆积南北宽度约 40 米			
城壕及墙体关系解析	子 A3 塘口与子城墙体外侧夯土遗存边沿基本一致			
周边现地用形式及相关人群数量	农地（油菜 / 小麦等）、野地（杂草 / 芦苇等）、个别现代墓葬			
现存城壕保护压力	近地人为地用干预较多			
现有规划或方案保护要求	子城墙体北侧培护、疏浚城壕、降低护城河水位、收缩现有水域面积、墙体植被系统景观设计、城壕北侧近水道路系统等			

子 A3 位置示意图

土垄及南侧子城北墙外坡

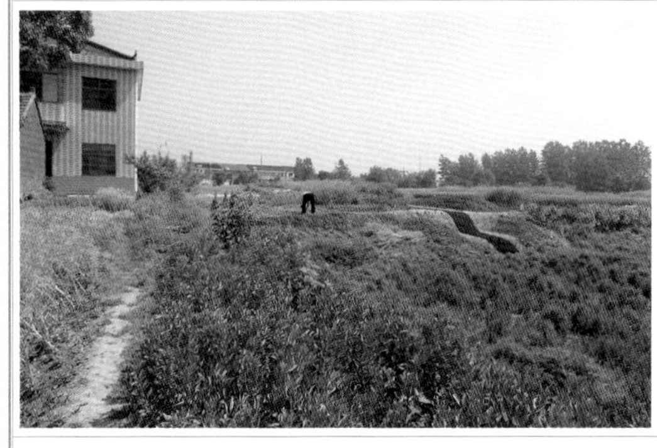

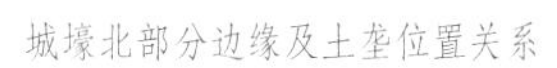

城壕北部分边缘及土垄位置关系

城壕北部分边缘及村落占压位置关系

子 A4	位置	尹家长庄东南侧，小魏庄南侧，为子 A 段城壕东段		土地权属	
	重要性	子城北墙外侧护城壕遗存，东侧有丁魏路交通节点		农村集体所有	
本段城壕水面当前形制		长	东西长度至丁魏路约 160 米	宽	南北最宽阔处约 65 米
海拔高程		河岸	南侧边缘面控制点高约 16 米		
		水面	南侧淤积至 14~15 米，隔梁北侧部分淤积高程甚至在 16 米以上		
水来源	自然积水	底部	水塘部分推测约 13 米	水深	留存塘体深度约 1 米
城壕现地用形式		渠基基本为农田覆盖，淤塞部分城壕内普遍长有较高的植物，靠丁魏路一侧垄上有临时性棚户，禽畜饲养场所等，子城墙体北侧段多处已开垦为农地。土垄北侧已经沦为农田，南侧则为鱼塘			
城壕现留存状况		形态不规则，渠基隔梁宽约 13 米；北侧城壕遗存跨度约 22 米，南侧则为 31 米。区位明确，边界不清			
驳岸地用及植被状况		多数城壕现状都是紧邻子城墙体遗存。坡度普遍大于 45°。墙体遗存上有大量植物、少量墓葬、较多农地。北侧临村一侧则基本辟为农地			
城壕现有保护措施		没有特别进行处理，子城北墙北部相关夯土遗存直接濒临河面			
周围考古资源分布状况		子城北墙现有地表坍塌堆积，南北宽度约 40 米			
城壕及墙体关系解析		子 A4 塘口南线与子城墙体外侧夯土遗存边沿基本一致			
周边现地用形式及相关人群数量		墓地、农地（油菜 / 小麦等）、野地（杂草 / 芦苇等）；主要北侧为小魏村，小魏村南缘直接临城壕遗存北侧			
现存城壕保护压力		近地人为地用干预较多			
现有规划或方案保护要求		子城墙体北侧培护、疏浚城壕、降低护城河水位、收缩现有水域面积、墙体植被系统景观设计、城壕北侧近水道路系统等			

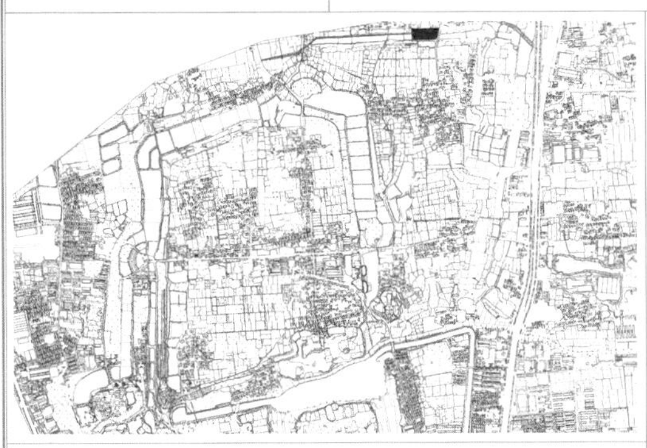

子 A4 位置

北侧城壕遗存内农地

土垄、鱼塘和墙体遗存关系

子城北墙遗存与鱼塘

子 A5	位置	丁魏路东侧		土地权属	
	重要性	子城北墙外城壕遗存		农村集体所有	
本段城壕水面当前形制		长	东西长度至丁魏路约 160 米	宽	南北最宽阔处约 65 米
海拔高程		河岸	南侧边缘面控制点高约 16 米		
		水面	南侧淤积至 14~15 米，隔梁北侧部分淤积高程甚至在 16 米以上		
水来源	自然积水，现已全部干涸	底部	约 13 米	水深	干涸
城壕现地用形式		渠基隔梁基本为农田覆盖，淤塞部分城壕内普遍长有较高的植物，子城墙体遗存北侧段多处已开垦为农地			
城壕现留存状况		不规则形态，隔梁宽约 26 米，北侧城壕遗存部分宽度约 16~17 米，南侧约与此近似			
驳岸地用及植被状况		多数城壕现状都是紧邻子城墙体遗存。坡度约在 45°。墙体遗存上较多存在植物，墙体南侧墓葬渐多，墙体北坡多为农地。北侧临村一侧则基本被辟为农地			
城壕现有保护措施		没有特别进行处理			
周围考古资源分布状况		子城北墙			
城壕及墙体关系解析		子 A5 塘口与子城墙体外侧夯土遗存边沿基本一致			
周边现地用形式及相关人群数量		墓地、农地（油菜 / 小麦等）、野地（杂草 / 芦苇等）；主要南侧为江家山坎，北侧为小魏村，小魏村南缘直接临城壕遗存北侧			
现存城壕保护压力		近地人为地用干预较多			
现有规划或方案保护要求		子城墙体北侧培护、疏浚城壕、降低护城河水位、收缩现有水域面积、墙体植被系统景观设计、城壕北侧近水道路系统等			

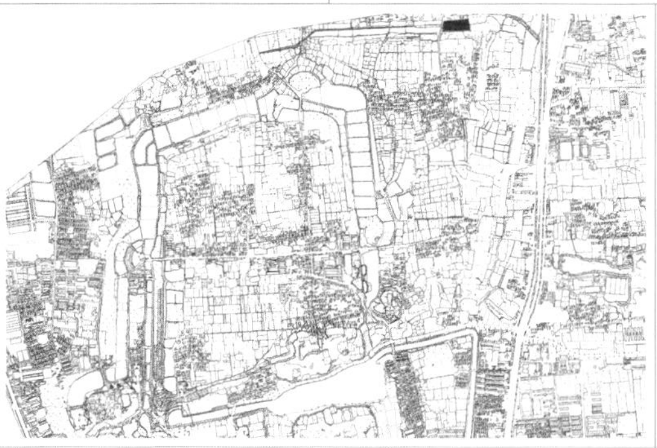

子 A5 位置

子 A5 段落截面

子 A5 段村落、城壕、墙垣关系表现

墙垣土垄北坡现存结构状况

子 A6	位置	江家山坎墓地北侧和东北侧，为子 A 段城壕最东端		土地权属
	重要性	古代城址东北角楼外侧护城壕遗存		集体所有
本段城壕水面当前形制	长	东西长约 170 米	宽	南北长度最宽阔处约 70 米
海拔高程	河岸	南侧边缘面高 15 米左右		
	水面	应在 14 米以下，但现已经出现水域淤塞		
水来源：自然积水	底部	约 13 米以下	水深	1 米以上
城壕现地用形式	基本为湿地水生和浮水植物覆盖			
城壕现留存状况	区位明确，原始边界不清。形态不规则，未淤塞部分约 5820 平方米。全部现有拐折北部分面积约 8000 平方米。渠基隔梁北半淤塞严重，现有部分基本完全为灌木、水生植物及林木占据，残存水体面积约占北部拐折部分一半			
驳岸地用及植被状况	西、北两侧均为水岸植物完全覆盖，不见地面。东侧有临时性建筑一个，有小路通南北。南岸为墓地，制高点约 22 米，护坡植被茂盛，跨度 3~5 米左右坡度普遍大于 45°			
城壕现有保护措施	没有特别进行处理			
周围考古资源分布状况	子城东北拐折			
城壕及墙体关系解析	现有子城东北城角遗存外侧夯土边缘直接临水			
周边现地用形式及相关人群数量	基本已经废弃，距离最近的村落约 100 米			
现存城壕保护压力	近地人为地用干预较多			
现有规划或方案保护要求	子城墙体北侧培护、疏浚城壕、降低护城河水位、收缩现有水域面积、墙体植被系统景观设计、城壕北侧近水道路系统等			

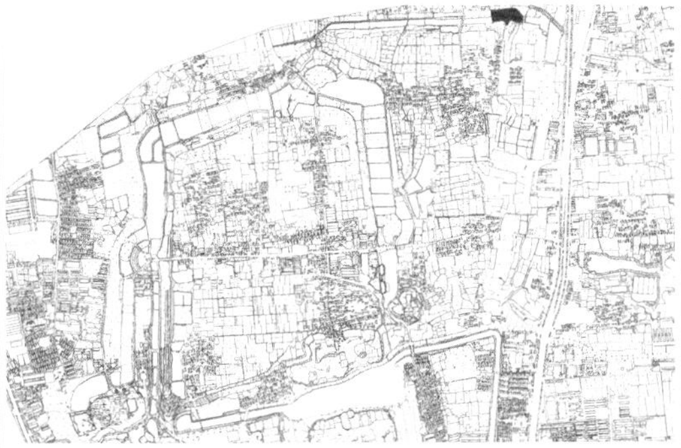

子 A6 位置

城角凸起位置

湿地状况

土垄、南塘及城垣拐角遗存轮廓

子 A7	位置	江家山坎东侧		土地权属
	重要性	子城东北角外侧城壕		集体所有
本段城壕水面当前形制	长	约 230 米	宽	约 20 米
海拔高程	河岸	小洲边沿控制点仅最低 15.04 米，北侧渠基土垄东段最低处亲水处在 14.16 米		
	水面	隔梁土垄南水面高程约 14 米		
水来源：自然积水	底部	水塘部分推测约 13 米	水深	约 1.5 米
城壕现地用形式	本段城壕南北跨度 230 米。中部由南向北分布一个小洲，跨度 120 米，宽度最大处 50 多米。其余位置多为鱼塘、家禽饲养、虾塘等用途。南部水域相对开阔完整			
城壕现留存状况	区位明确，原始边界不清。南部塘宽在 20 米以内。南北宽度较为一致，且都与西侧子城东墙间隔一段飞地			
驳岸地用及植被状况	基本为农业耕作用地、村落民居等			
城壕现有保护措施	没有特别进行处理			
周围考古资源分布状况	子城东墙遗存			
城壕及墙体关系解析	墙体夯土位于现代塘口西坡下侧一线			
周边现地用形式及相关人群数量	农地（油菜 / 小麦等）、野地（杂草 / 芦苇等）、个别现代墓葬；江家山坎人群活动密集，农业劳作集中			
现存城壕保护压力	近地人为地用干预较多			
现有规划或方案保护要求	子城墙体外侧培护、疏浚城壕、降低护城河水位、收缩现有水域面积、墙体植被系统景观设计、城壕外侧近水道路系统等			

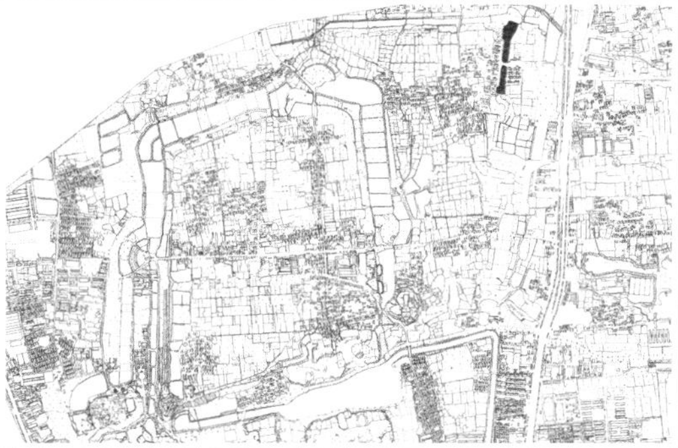

子 A7 位置

南侧河道养殖

江家山坎与鱼塘位置

村落与河道关系

丑段城壕

丑 B1	位置	观音山西侧，西界烈士陵园丁 A 段墙体（即现烈士陵园一线，2012 年《方案》称为“丁 A”段墙体），为丑 B 段城壕最南端		土地权属
	重要性	宝城西墙与烈士陵园下丁 A 段墙体（沟通平山堂城与西城门瓮城）间城壕遗存		风景区
本段城壕水面当前形制	长	南北长约 77 米	宽	南部最大宽度近 40 米，北侧宽近 20 米
海拔高程	河岸	丑 B1 南侧道路路面 7.1~7.2 米	水面	约 6 米
水来源：自然积水	底部	不明	水深	不明
城壕现地用形式	现为平山堂和观音山之间林地的一部分，为景区重要组成部分			
城壕现留存状况	南宽北窄，呈葫芦形。开口面积约 2000 平方米。淤塞严重，基本完全为灌木、水生植物及林木占据，残存水体面积不足全塘的 1/4。形态基本完整，但轮廓外观并不清晰，城壕原始形态和用途尚待明确。系自然植被密集区域，相对于西华门北侧而言，其与西华门南侧共同构成小的生态区域，动植物环境构成相若。部分地段垃圾堆放严重，尤其在其临西华路一侧的中部和北部（“垃圾坝”）			
驳岸地用及植被状况	西为丁 A 段墙体外坡，坡面陡直，跨度 3~15 米，茂密植被覆盖。东岸紧贴南北向道路“西华路”路基，护坡植被茂盛，跨度 5~14 米			
城壕现有保护措施	两侧目前保护措施为道路护坡或园区护墙			
周围考古资源分布状况	丁 A 段墙体、观音山（宝城西墙南端）			
城壕及墙体关系解析	西侧实为西城门瓮城与平山堂间军事建构筑物（丁 A）南部东坡。东侧为观音山，由于观音禅寺占压，致城壕与墙体的具体位置关系目前尚存疑。丑 B1 东边沿距乙 1 段西侧夯土遗存边沿距离不明			
周边现地用形式及相关人群数量	位于蜀岗古城南部，交通压力相对密集。西华路为混行车道，过境压力相对不大			
现存城壕保护压力	城壕须进行坡岸维护，垃圾清除，以便减少侵蚀危害			
现有规划或方案保护要求	须在宝城西城壕水景构筑（疏浚与持水）、小环境生态平衡、丁 A 段墙体外坡保持、东侧南北向道路（西华路）安全之间寻找契合点			

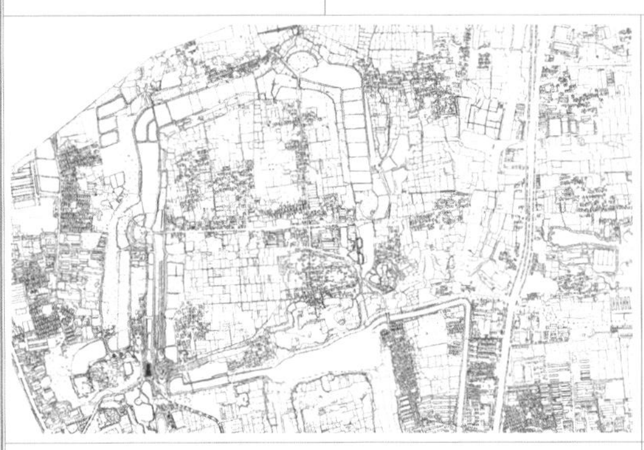

丑 B1 位置

丑 B1 北侧垃圾处理场所局部

丑 B1 东侧道路及护坡

丑 B1 西侧陵园东墙占压丁 A 及外侧护坡状况

丑 B2	位置	丑 B 段城壕南部，观音山西侧，西界烈士陵园，与丑 B1 隔一“垃圾坝”		土地权属
	重要性	宝城西墙与烈士陵园下丁 A 段墙体间城壕遗存		风景区
本段城壕水面当前形制	长	南北约 53 米	宽	南部最宽约 26 米，北部宽约 12 米
海拔高程	河岸	丑 B2 南侧垃圾场地表标高 12.7 米	水面	约 12 米
水来源：自然积水	底部	不明	水深	不明
城壕现地用形式	湿地。现为平山堂和观音山之间林地的一部分，为景区重要组成部分			
城壕现留存状况	南宽北窄，呈葫芦形，约 1000 平方米。轮廓外观并不清晰。城壕原始形态和用途尚待明确。系自然植被密集区域，与西华门南侧共同构成小的生态区域，动植物环境构成相若。淤塞严重，现有部分基本完全为灌木、水生植物及林木占据，残存水体面积不足全塘的 1/4			
驳岸地用及植被状况	西为丁 A 段墙体外坡，坡面陡直，跨度约 12 米，为茂密植被覆盖。东岸紧贴南北向道路路基，护坡植被茂盛，跨度约 3~5 米			
城壕现有保护措施	两侧目前保护措施为道路护坡或园区护墙			
周围考古资源分布状况	丁 A 段墙体、宝城西墙南部（即与观音山相接处）			
城壕及墙体关系解析	西侧实为瓮城与平山堂间军事建构筑物南部东坡。丑 B2 东边缘距离乙 1 段西侧夯土遗存边沿约 26 米			
周边现地用形式及相关人群数量	位于蜀岗古城南部，紧邻道路，但交通压力相对和缓			
现存城壕保护压力	持水功能和现有自然生态的平衡，即水塘功能性变化可能对现有状况维持带来压力。现有环境较差，垃圾场原通向陵园的东侧门道，目前已完全成为垃圾处理场所，环境杂乱			
现有规划或方案保护要求	须在宝城西城壕水景构筑（疏浚与持水）、小环境生态平衡、丁 A 段墙体外坡保持、东侧南北向道路（西华路）安全之间寻找契合点			

丑 B2 位置

丑 B2 东侧道路及护坡

丑 B2 南部状况

丑 B2 中部湿地水域状况

丑 B3	位置	丑 B 段城壕南部，观音山西侧，西界烈士陵园			土地权属
	重要性	宝城西墙与丁 A 段墙体之间城壕			风景区
本段城壕水面当前形制		长	南部宽约 14 米，北部宽约 16 米	宽	南北长 84 米
海拔高程		河岸	丑 B3 南侧挡水坝地表标高 14.0 米	水面	约 13 米
水来源	自然积水	底部	不明	水深	不明
城壕现地用形式		湿地。			
城壕现留存状况		南北窄长形，面积约 1300 平方米。形态完整，但轮廓外观并不清晰。城壕原始形态和用途尚待明确。系自然植被密集区域，与西华门南侧共同构成小的生态区域，动植物环境构成相若。淤塞严重，大部分为灌木、水生植物及林木占据，残存水体宽度仅 2~3 米			
驳岸地用及植被状况		西为丁 A 段墙体外坡，坡面跨度最大约 20 米，为茂密植被覆盖。东岸紧贴南北向道路路基护坡，植被茂盛，跨度约 3~5 米			
城壕现有保护措施		两侧目前保护措施为道路护坡或园区护墙			
周围考古资源分布状况		丁 A 段墙体、宝城西墙南部			
城壕及墙体关系解析		西侧实为瓮城与平山堂间军事建构筑物南部东坡。丑 B3 东边缘距离乙 1 段西侧夯土遗存边沿 16 米			
周边现地用形式及相关人群数量		位于蜀岗古城南部，紧邻道路，交通压力相对较小			
现存城壕保护压力		持水功能和现有自然生态的平衡，即水塘功能性变化可能对现有状况维持带来压力。现有环境杂乱			
现有规划或方案保护要求		须在宝城西城壕水景构筑（疏浚与持水）、小环境生态平衡、丁 A 段墙体外坡保持、东侧南北向道路（西华路）安全之间寻找契合点			

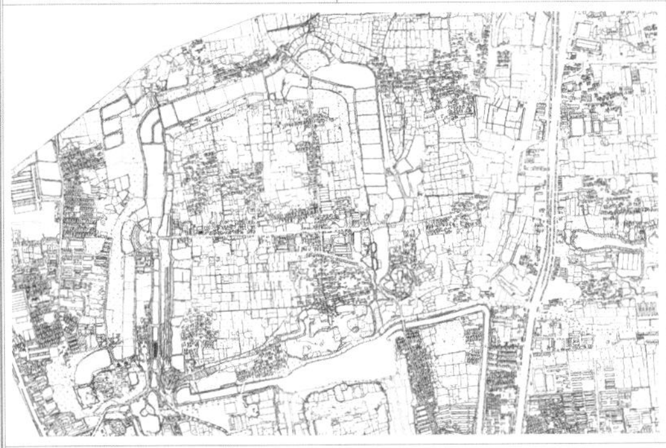

丑 B3 位置

丑 B3 水面东侧护坡植被状况

丑 B3 水面西侧护坡植被状况

丑 B3 水面植被状况

丑 B4	位置	丑 B 段城壕南部，观音山西侧，西界烈士陵园			土地权属
	重要性	宝城西墙与丁 A 段墙体间城壕			风景区
本段城壕水面当前形制		长	南北长 75 米	宽	南部宽 23 米，北侧宽 25 米
海拔高程		河岸	丑 B4 南侧挡水坝地表标高 16.4 米	水面	约 15 米
水来源	自然积水	底部	约 14 米以下	水深	水塘深约 1.2 米
城壕现地用形式		湿地。北部大量淤塞，形成林木景观			
城壕现留存状况		南北窄长形，约 1000 平方米。淤塞严重，大部分为灌木、水生植物及林木占据。轮廓外观不清晰。城壕原始形态和用途尚待明确			
驳岸地用及植被状况		西为丁 A 段墙体外坡，坡面陡直，跨度 20~23 米，为茂密植被覆盖。东岸紧贴南北向道路路基护坡，植被茂盛，跨度约 3~5 米			
城壕现有保护措施		未见实质性的保护措施			
周围考古资源分布状况		丁 A 段墙体、宝城西墙南部			
城壕及墙体关系解析		西侧实为瓮城与平山堂间军事建构筑物南部东坡。丑 B4 东边缘距离乙 1 段西侧夯土遗存边沿 17~19 米不等			
周边现地用形式及相关人群数量		位于蜀岗古城南部，实无人居和生产利用行为。紧邻道路，交通压力相对较小			
现存城壕保护压力		持水功能和现有自然生态的平衡，即水塘功能性变化可能对现有状况维持带来压力。现有环境杂乱			
现有规划或方案保护要求		须在宝城西城壕水景构筑（疏浚与持水）、小环境生态平衡、丁 A 段墙体外坡保持、东侧南北向道路（西华路）安全之间寻找契合点			

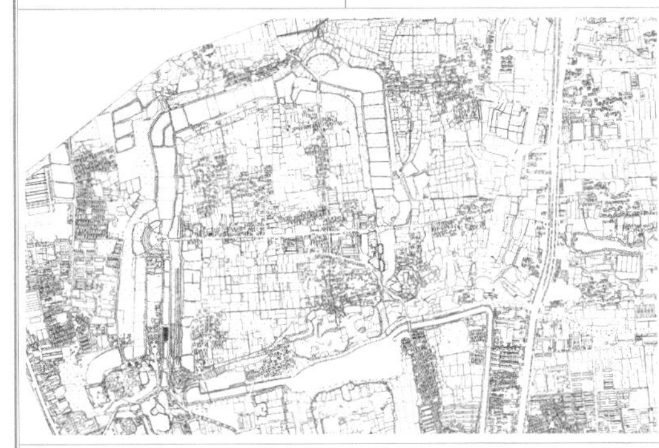

丑 B4 位置

丑 B4 水面西侧护坡植被

丑 B4 水面西侧护坡（北—南）

丑 B4 水面西侧丁 A 护坡植被

丑 B5	位置	丑 B 段城壕南部，宝城西墙茶园西侧，西界烈士陵园北墙外侧			土地权属
	重要性	宝城西墙与丁 A 段墙体间城壕			私用
本段城壕水面当前形制	长	南部宽约 14 米，北部宽约 16 米	宽	南北长 84 米	
海拔高程	河岸	丑 B5 南侧挡水坝标高 17.6 米	水面	约 17 米	
水来源 自然积水	底部	15 米以下	水深	现有水深约 1.7 米	
城壕现地用形式	鱼塘				
城壕现留存状况	南北窄长形，轮廓清晰。约 4000 平方米。水域开阔				
驳岸地用及植被状况	西为丁 A 段墙体外坡，坡面相对于南侧而言已经减缓，跨度约 15 米，底部被鱼塘使用者用石料封护。东岸紧贴南北向道路路基护坡，植被茂盛，跨度约 5 米，坡度较缓				
城壕现有保护措施	东西两侧出现护坡处理				
周围考古资源分布状况	丁 A 段墙体、宝城西墙南部				
城壕及墙体关系解析	西侧实为瓮城与平山堂间军事构筑物丁 A 段墙体东坡。丑 B5 东边缘距离乙 1 段西侧夯土遗存边沿约 21~31 米				
周边现地用形式及相关人群数量	紧邻道路，交通压力相对较小。西南侧在丁 A 墙体上开设农家乐和多处住宅用房				
现存城壕保护压力	两侧保护比较到位，城壕遗存保存压力不大				
现有规划或方案保护要求	须在宝城西城壕水景构筑（疏浚与持水）、小环境生态平衡、丁 A 段墙体外坡保持、东侧南北向道路（西华路）安全之间寻找契合点				

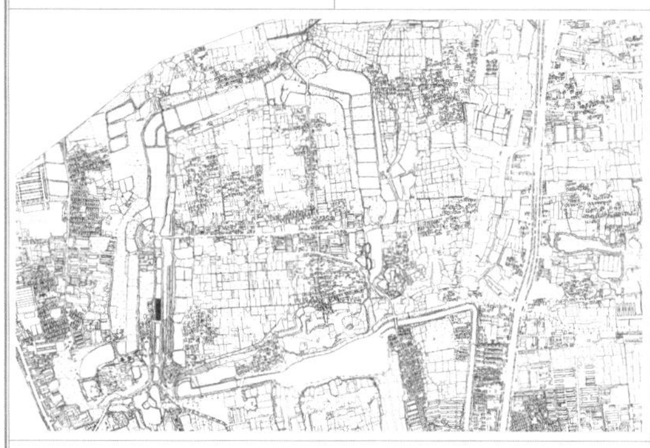

丑 B5 位置

丑 B5 水面（南—北）

丑 B5 水面（北—南）

丑 B5 水面东侧西华路护坡

丑 B6	位置	丑 B 段城壕北部			土地权属
	重要性	宝城西墙与丁 A 段墙体间城壕			不明
本段城壕水面当前形制	长	南北 80 米	宽	宽度约 30 米	
海拔高程	河岸	丑 B6 西侧岸边测点 18.1 米	水面	约 17 米	
水来源 自然积水	底部	16 米以下	水深	现存部分水体深约 1.2 米	
城壕现地用形式	用途不明，或为鱼塘。水面距南部挡水设施表面约 1 米				
城壕现留存状况	形态完整，轮廓外观较为清晰。南北窄长形，约 2200 平方米。水域开阔，水体丰沛				
驳岸地用及植被状况	西为丁 A 段墙体外坡，坡面相对较减缓，跨度 11 米左右，杂树遍布，或曾为鱼塘使用，西侧坡面下端出现石料封护。东岸紧贴南北向道路路基护坡，植被茂盛，局部有石材护坡，跨度约 3 米，坡度较缓。两岸护坡材料基本一致				
城壕现有保护措施	东西两侧出现护坡处理				
周围考古资源分布状况	丁 A 段墙体、宝城西墙南段北段				
城壕及墙体关系解析	西侧实为瓮城与平山堂间军事构筑物丁 A 段墙体东坡。丑 B6 东边缘距离乙 1 段西侧夯土遗存边沿 31~38 米				
周边现地用形式及相关人群数量	环境整治目标基本实现，过境交通压力不大，人为污染源基本得到控制				
现存城壕保护压力	目前压力已经获得缓解				
现有规划或方案保护要求	须在宝城西城壕水景构筑（疏浚与持水）、小环境生态平衡、丁 A 段墙体外坡保持、东侧南北向道路（西华路）安全之间寻找契合点				

丑 B6 位置

丑 B6 塘面及与西侧丁 A 关系（北—南）

丑 B6 水面两侧护坡（北—南）

丑 B6 南侧桥闸

丑 B7		位置	丑 B 段城壕北部		土地权属
		重要性	宝城西墙与丁 A 段墙体间城壕		不明
本段城壕水面当前形制		长	南北 64 米	宽	东西约 33 米
海拔高程		河岸	丑 B7 西岸 18.0 米	水面	约 17 米
水来源	自然积水	底部	约 16 米	水深	约 1 米
城壕现地用形式		用途不明，水面距挡水设置表面约 1.4 米			
城壕现留存状况		南北窄长形，约 1800 平方米。北部现已经淤塞为荒地，中南部保留有少量水体。形态完整，轮廓外观较为清晰			
驳岸地用及植被状况		西为丁 A 段墙体外坡，坡面相对较减缓，跨度 13 米左右，杂树遍布，或曾为鱼塘使用，西侧坡面下端出现石料封护。东岸紧贴南北向道路路基护坡，植被茂盛，跨度约 3~5 米，坡度较缓，底部局部有石材护坡			
城壕现有保护措施		东西两侧出现护坡处理			
周围考古资源分布状况		丁 A 段墙体、宝城西墙南段北部			
城壕及墙体关系解析		西侧实为瓮城与平山堂间军事构筑物丁 A 段墙体东坡。丑 B7 东边缘距乙 1 段西侧夯土遗存约 29~31 米			
周边现地用形式及相关人群数量		过境交通压力不大，人为污染源基本得到控制			
现存城壕保护压力		目前压力已经获得缓解			
现有规划或方案保护要求		须在宝城西城壕水景构筑（疏浚与持水）、小环境生态平衡、丁 A 段墙体外坡保持、东侧南北向道路（西华路）安全之间寻找契合点			

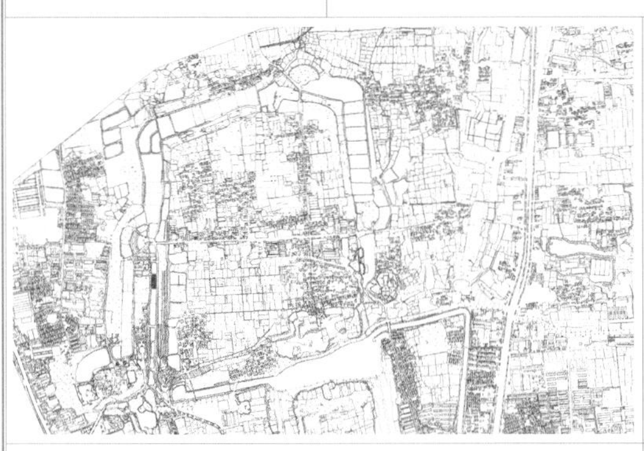

丑 B7 位置

丑 B7 水面两侧护坡（南—北）

丑 B7 水面西侧墙体及护坡（北—南）

丑 B7 西侧道路及墙体

丑 B8		位置	丑 B 段城壕北部，西已接近瓮城南端		土地权属
		重要性	宝城西墙与丁 A 段墙体间城壕		不明。北侧为霓虹数码有限公司和扬州元扬旅游用品有限公司的办公楼
本段城壕水面当前形制		长	南北 64 米	宽	宽度约 33 米
海拔高程		河岸	南侧 B7 边沿 18.0 米	水面	约 18 米
水来源	自然积水	底部	约 16 米	水深	现存部分深约 1 米
城壕现地用形式		现已经淤塞为平塘荒地。水面距南侧挡水设置表面约 1 米			
城壕现留存状况		南北窄长形,约 1800 平方米。北部现已经淤塞为荒地,中南部保留有少量水体。形态并不完整,轮廓外观较为清晰，其北侧占压建筑群落应覆盖与其连接的北侧城壕段，但现已无存			
驳岸地用及植被状况		西侧护坡上在中部和北部有平房分布，应是直接坐落丁 A 段墙体北部东侧的。东岸紧贴南北向道路路基护坡，植被茂盛，局部有石材护坡，跨度约 3~5 米，坡度较缓			
城壕现有保护措施		东西两侧出现护坡处理			
周围考古资源分布状况		丁 A 段墙体、宝城西墙南段北部			
城壕及墙体关系解析		西侧实为瓮城与平山堂间军事构筑物丁 A 段墙体东坡。丑 B8 东边缘距离乙 1 段西侧夯土遗存边沿约 12~24 米			
周边现地用形式及相关人群数量		其北侧淤塞严重，地表已经成为垃圾堆放场所和停车位。紧邻道路咽喉，交通压力相对较大。由于北侧、西北侧、西侧单位和民用房屋分布较为集中，故此区域人为倾倒、焚烧垃圾等环境破坏现象			
现存城壕保护压力		环境破坏行为			
现有规划或方案保护要求		须在西城壕水景构筑（疏浚与持水）、小环境生态平衡、治理污染、丁 A 段墙体外坡保持、东侧南北向道路（西华路）安全间寻找契合点			

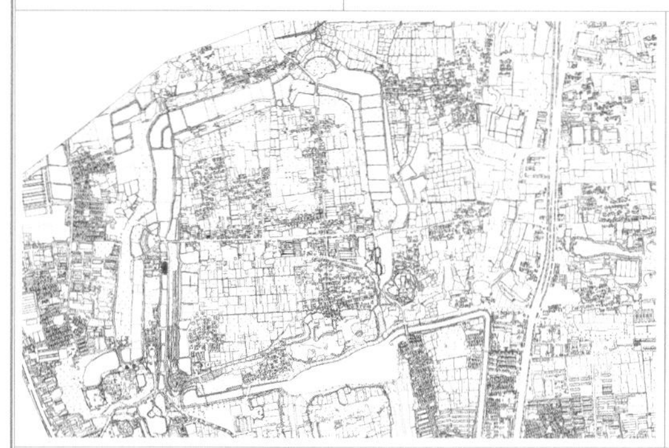

丑 B8 位置

丑 B8 北侧环境状况

丑 B8 水体植被覆盖状况

丑 B8 形态

丑 B9-0	位置	丑 B 段城壕北端，横跨瓮城两侧。为霓虹数码有限公司和扬州元扬旅游用品有限公司的办公楼占压	土地权属
	重要性	宝城西墙、丁 A 及瓮城之间城壕区域	公司
本段城壕水面当前形制		无水域。区位轮廓不清楚	
城壕现地用形式		公司建筑用地	
城壕现留存状况		完全占压，地表硬化	
驳岸地用及植被状况		东侧为西华路，西侧为瓮城南端外坡	
周围考古资源分布状况		丁 A 段墙体、宝城西墙南段北部、瓮城	
城壕及墙体关系解析		占压严重，两侧情况仍有待明确	
周边现地用形式及相关人群数量		单位用地密集、紧邻道路，垃圾倾倒和人为影响因素较多	
现存城壕保护压力		环境破坏行为	
现有规划或方案保护要求		进行必要的房屋整改，可转化为公园园区必要的休闲、停驻场所	

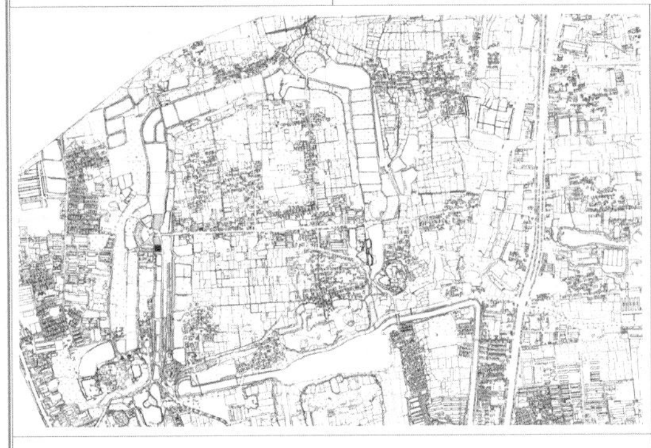

丑 B9-0 位置

丑 B9-0 南侧公司办公场所遗址占压

丑 B9-0 南侧环境状况

丑 B9-0 南侧建筑与宝城西墙体关系

丑 B9-1		位置	丑B段城壕北端，横跨瓮城两侧。堡城路与西华路交叉西南和西北角。南侧为霓虹数码有限公司和扬州元扬旅游用品有限公司的办公楼		土地权属
		重要性	宝城西墙与瓮城之间城壕区域		不明
本段城壕水面当前形制		长	南北 49 米	宽	宽度约 30 米
海拔高程		河岸	南侧边沿 18.7 米	水面	约 18 米
水来源	自然积水	底部	15~16 米	水深	约 1.5 米
城壕现地用形式		现为鱼塘，外加铁丝栅栏防护。水面距南侧挡水设置表面约 1.5 米			
城壕现留存状况		约 1300 平方米。形态并不完整，轮廓外观较为清晰，其与原宝城西侧瓮城构造关系仍有待进一步明确			
驳岸地用及植被状况		水塘周边护坡与原城壕形态关系尚无法完全确知。西侧由于房屋占压遗址情况不明。东侧则与南北向道路共用护坡。北侧水塘现为藕塘，两侧多为农地，有部分垃圾场所			
城壕现有保护措施		防护栏内鱼塘四面均有保护护坡处理措施			
周围考古资源分布状况		丁 A 段墙体、宝城西墙南段北部、大土垄、瓮城			
城壕及墙体关系解析		西为丁 A 段墙体与瓮城衔接处，但形态结构不明。东侧为宝城西墙南段北部。丑 B9-1 东边缘距离乙 1 段西侧夯土遗迹边沿 12~13 米			
周边现地用形式及相关人群数量		丑 B9-1 西侧、南侧单位和民用房屋分布较为集中，有人为倾倒、焚烧垃圾等环境破坏现象			
现存城壕保护压力		环境破坏行为			
现有规划或方案保护要求		须在宝城西城壕水景构筑（疏浚与持水）、瓮城部分水景、丁 A 段墙体外坡保持、东侧南北向道路（西华路）安全之间寻找契合点			

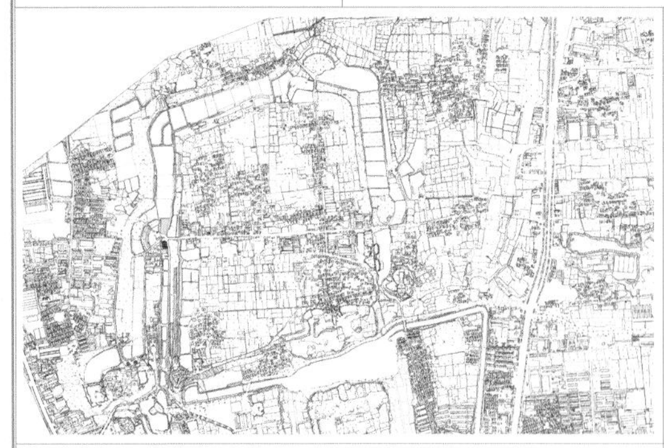

丑 B9-1 位置

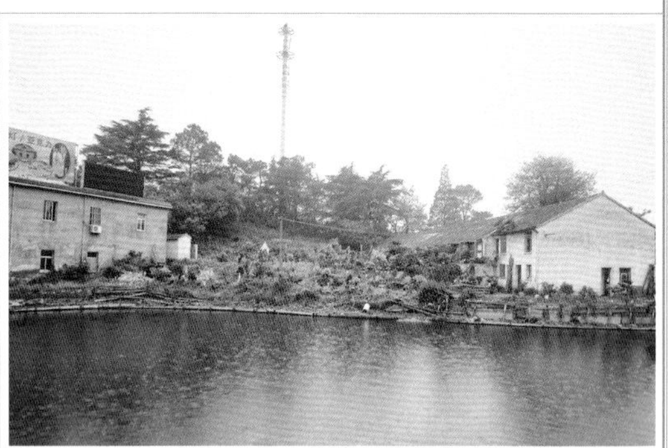

丑 B9-1 西侧瓮城内侧部分占压状况

丑 B9-1 南侧墙体占压状况

丑 B9-1 东侧西华路

丑 B9-2	位置	丑 B 段在瓮城北侧部东侧，堡城路与西华路交叉北侧			土地权属
	重要性	宝城西墙与瓮城之间城壕区域			私用
本段城壕水面当前形制		长	南北 86 米	宽	均宽约 40 米
海拔高程		河岸	西北边沿约 17.2 米	水面	约 16 米
水来源	自然积水	底部	14~15 米	水深	0.5~0.8 米
城壕现地用形式		现为藕塘。水面距北侧侧挡水设施表面约 2~3 米			
城壕现留存状况		约 3700 平方米。水体形态并不完整。轮廓外观较为清晰，其与原宝城西侧瓮城构造关系仍旧不清			
驳岸地用及植被状况		南侧已被植物覆盖，东南侧成为垃圾焚烧地地点。南及西南侧大量房屋占压情况。被占压部分疑为链接丑 B9-1 和丑 B9-2 之间的城壕部分，现因占压无法确认。东侧则与南北向道路共用护坡			
城壕现有保护措施		未见保护措施			
周围考古资源分布状况		瓮城、宝城西墙、戊段大土垄			
城壕及墙体关系解析		西为瓮城北部，东侧为宝城西墙南段北部，现为茶园。丑 B9-2 部分塘口距离乙 2 段西侧夯土遗存边沿约 6 米			
周边现地用形式及相关人群数量		西侧、西南侧房屋分布较为集中，有人为倾倒、焚烧垃圾等环境破坏现象			
现存城壕保护压力		环境破坏行为			
现有规划或方案保护要求		须在瓮城内部城壕构筑水景（疏浚与持水）、瓮城北端截面等重要墙体部分须妥善处理、东侧道路（西华路延伸北线）护坡安全与环境清洁之间寻找契合点			

丑 B9-2 位置

丑 B9-2 东侧茶厂茶园

丑 B9-2 水域

丑 B9-2 西侧瓮城北端截面、护坡

丑 B10	位置	丑 B 段中北部城壕，南邻丑 B9-2			土地权属
	重要性	宝城西墙、瓮城及大土垄之间城壕区域			私用
本段城壕水面当前形制		长	南北 105 米	宽	中部宽度约 81 米
海拔高程		河岸	北侧土坝 16.2 米	水面	约 16 米
水来源	自然积水	底部	约 15 米	水深	约 1 米
城壕现地用形式		现为藕塘。水面距北侧侧挡水设施表面约 2 米			
城壕现留存状况		南窄北宽条形，约 8300 平方米。形态完整，轮廓外观较为清晰，西侧、东侧护坡均为晚期防护措施，或已建在历史墙体垮塌后的堆积之上			
驳岸地用及植被状况		西南侧即与“月河”勾连，北侧则为大土垄围过开始北行处的东边沿。植被覆盖十分茂密，现有护坡为堆筑土丘垄，顶部宽不足 1 米，外侧戊段大土垄北行部分东坡上均为杂树，未见其他利用。东边仍为道路护坡和茶田向北直行			
城壕现有保护措施		未见保护措施		周围考古资源分布状况	大土垄、宝城西墙
城壕及墙体关系解析		西边南侧接瓮城外侧城壕，北半部临界大墙北行转折段。东侧为宝城西墙。丑 B10 塘口距东侧乙 2 段西侧夯土遗存边沿约 4 米。西侧距离土垄东侧边缘约 6~8 米			
周边现地用形式及相关人群数量		只有临时性藕塘看护工棚一个，并做家禽饲养等兼业			
现存城壕保护压力		墙体与现有水塘之间仍须建构缓冲保护设施，以便减少侵蚀危害			
现有规划或方案保护要求		须在城壕构筑水景（疏浚与持水）、墙体部分须妥善处理、道路（西华路延伸北线）护坡安全与环境清洁之间寻找契合点			

丑 B10 位置

宝城西墙与瓮城间空当

丑 B10（东南－西北）

丑 B10 东侧宝城城垣上茶园及西侧道路和护坡

丑 B11	位置	丑 B 段中北部城壕，南邻丑 B10		土地权属
	重要性	宝城西墙及大土垄之间城壕区域		私用
本段城壕水面当前形制	长	105 米	宽	81 米
海拔高程	河岸	约 16.0 米	水面	约 15 米
水来源：自然积水	底部	约 14 米	水深	约 1 米
城壕现地用形式	现为藕塘。水面距北侧侧挡水设施表面约 1 米			
城壕现留存状况	南窄北宽条形，约 6000 平方米。水体形态完整。轮廓外观较为清晰			
驳岸地用及植被状况	西侧现有护坡为堆筑土丘垄，其上植被覆盖十分茂密，踏道小径极为狭窄，顶部宽不足 1 米，外侧原大墙北行部分东有上城小径，顶部为树，渐次杂草，未见其他利用模式。东侧为宝城西墙及其西侧小径和西侧护坡，均密布灌木矮树			
城壕现有保护措施	西侧、东侧护坡均为晚期防护措施，或已建在历史墙体垮塌后的堆积之上，原始形态不明			
周围考古资源分布状况	大土垄、宝城西墙			
城壕及墙体关系解析	城壕与原始墙体关系尚不明确。现有西侧护坡似在墙体倒塌堆积上堆设。丑 B11 东边沿距乙 2 西侧夯土遗迹边沿约 3 米，西侧距离大土垄边沿约 13 米			
周边现地用形式及相关人群数量	未见兼业			
现存城壕保护压力	农用和环境破坏行为			
现有规划或方案保护要求	须在城壕构筑水景（疏浚与持水）、墙体部分妥善处理、道路（西华路延伸北线）护坡安全与环境清洁之间寻找契合点			

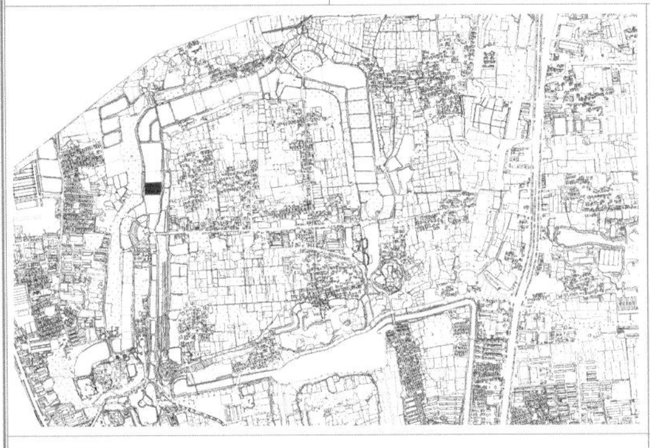

丑 B11 位置

丑 B11 东侧宝城城垣

丑 B11 两岸态势对比

丑 B11 西侧护坡

丑 B12	位置	丑 A 段城壕南部，南邻丑 B11		土地权属
	重要性	宝城西墙及大土垄之间城壕区域		私用
本段城壕水面当前形制	长	南北 63 米	宽	东西约 97 米
海拔高程	河岸	约 16.3 米	水面	约 15 米
水来源：自然积水	底部	14 米左右	水深	约 1 米
城壕现地用形式	现为藕塘。水面距北侧侧挡水设施表面约 1 米			
城壕现留存状况	东西宽条形，约 6000 平方米。轮廓外观较为清晰，西侧斜坡明显减缓，残留水表的部分较宽阔。东侧林木已经完全探出坡体，悬在水上			
驳岸地用及植被状况	西侧现有护坡为堆筑土丘垄，其上植被覆盖十分茂密，林木高度较为一致			
城壕现有保护措施	未见实质性的护坡措施			
周围考古资源分布状况	大土垄、宝城西墙北端			
城壕及墙体关系解析	城壕与原始墙体关系尚不明确。能看到墙体的坍塌坡形，但墙体原始边界位置已不可考。现有西侧护坡似在墙体倒塌堆积上堆设。丑 B12 塘口东边沿距乙 2 段西侧夯土遗存边沿约 3~5 米（已在塘口外坡范围内），西侧距离大土垄东边沿约 2~3 米			
周边现地用形式及相关人群数量	人群生产生活造成压力较小			
现存城壕保护压力	墙体与现有水塘之间仍须建构缓冲保护设施，以便减少侵蚀危害			
现有规划或方案保护要求	须在城壕构筑水景（疏浚与持水）、墙体部分妥善处理、道路（西华路延伸北线）护坡安全与环境清洁之间寻找契合点			

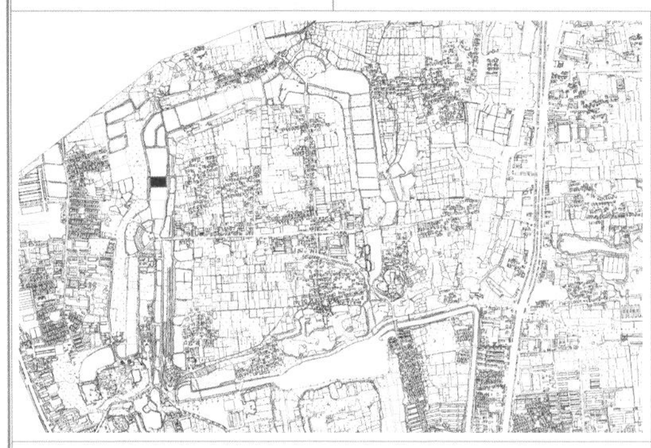

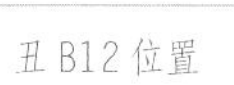

丑 B12 位置

丑 B12 东侧宝城

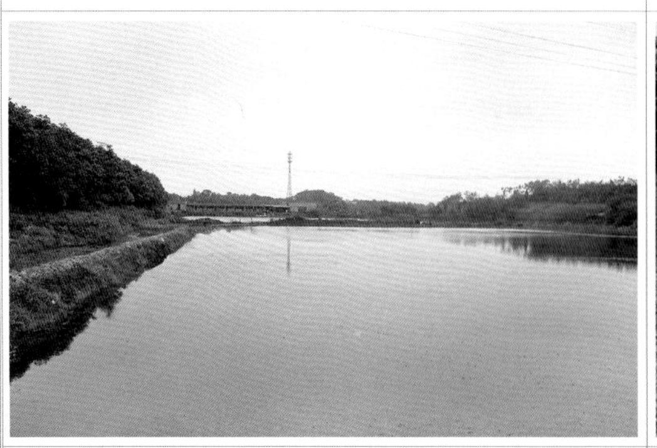

丑 B12 水域

丑 B12 西侧

丑 B13	位置	丑 B 段城壕北段，南邻丑 B12		土地权属	
	重要性	宝城西墙及大土垄之间城壕区域		私用	
本段城壕水面当前形制	长	约 100 米		宽	约 80 米
海拔高程	河岸	东侧土坝顶 17.4 米		水面	约 15 米
水来源	自然积水	底部	约 13 米	水深	1~1.7 米
城壕现地用形式	现为鱼塘。北侧与丑 B14 间原有隔梁已经被水淹没				
城壕现留存状况	北宽南窄梯形约 7700 平方米，轮廓外观较为清晰				
驳岸地用及植被状况	西侧现有护坡为堆筑土丘垄，坡度较陡峭。其上植被覆盖十分茂密，林木高度较为一致				
城壕现有保护措施	未见实质性的护坡措施				
周围考古资源分布状况	大土垄、宝城西墙北端				
城壕及墙体关系解析	城壕与原始墙体关系尚不明确。城壕原始边界位置已不可考。这段破坏应顺延了 B12 段的态势，相对较为严重。可能已经破坏到原有城壕外侧接近城垣的区域。丑 B13 塘口距乙 2 段西侧夯土遗存边沿约 6~7 米，距西侧土垄边沿约 5 米				
周边现地用形式及相关人群数量	附近几乎没有居民				
现存城壕保护压力	墙体与现有水塘之间仍须建构缓冲保护设施，以便减少侵蚀危害				
现有规划或方案保护要求	墙体外侧培护、疏浚城壕、降低护城河水位、收缩现有水域面积、墙体植被系统景观设计、城壕外侧近水道路系统等				

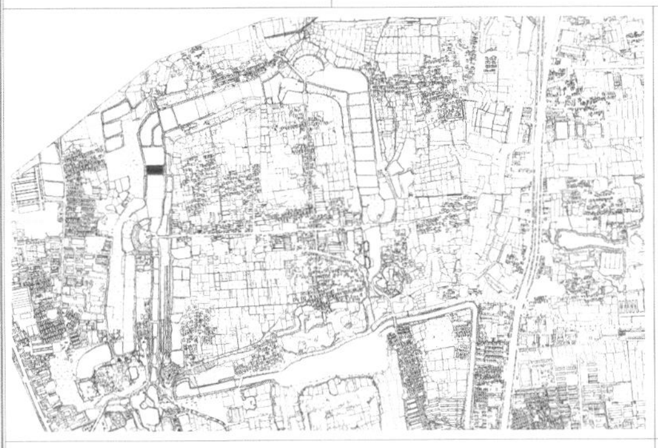

丑 B13 位置

丑 B13 东侧包城墙西北部

丑 B13 东侧宝城

丑 B14	位置	丑 B 段城壕北段，南邻丑 B13		土地权属	
	重要性	宝城西墙及大土垄之间城壕区域		私用	
本段城壕水面当前形制	长	详下		宽	详下
海拔高程	河岸	16.4~17.0 米		水面	约 15 米
水来源	自然积水	底部	约 14 米	水深	1~1.7 米
城壕现地用形式	现为鱼塘。分出三处水域（同一洪姓租用者）。水面距北侧侧挡水设施表面约 1.5~2 米				
城壕现留存状况	南部最大水面东西约 111 米，南北跨度 157 米。西北水域城河湾形势，东北—西南最大跨度 200 米，中部宽约 54 米。东北侧水域为不规则形，南北跨度 110 米，东西 40 米。南侧水域丑 B14-1 近 8000 平方米。西北侧水域丑 B14-2 近 10000 平方米。东北侧水域丑 B14-3 近 4500 平方米。水体形态完整。西北拐角外侧水域岸边形态完整，轮廓外观较为清晰，西侧斜坡明显减缓，残留水表的部分较宽阔约探出 3~4 米。东侧林木已经完全探出坡体，悬在水上				
驳岸地用及植被状况	西侧近水处为养鸡场。水域内隔梁上位养鸡场和渔场检测用房。东侧西河湾在墙体内外侧均有坟茔				
城壕现有保护措施	未见实质性的护坡措施		周围考古资源分布状况	大土垄、宝城西墙北端	
城壕及墙体关系解析	城壕与墙体原始关系尚不明确。城壕原始边界位置已不可考。现有情况为，塘口西侧距土垄边沿约 5 米，东侧或已经侵蚀到墙体外侧位置				
周边现地用形式及相关人群数量	河北侧即丑 B14-2 外围大土垄西北角林间有民房				
现存城壕保护压力	墙体与现有水塘之间仍须建构缓冲保护设施，以便减少侵蚀危害				
现有规划或方案保护要求	墙体外侧培护、疏浚城壕、降低护城河水位、收缩现有水域面积、墙体植被系统景观设计、城壕外侧近水道路系统等				

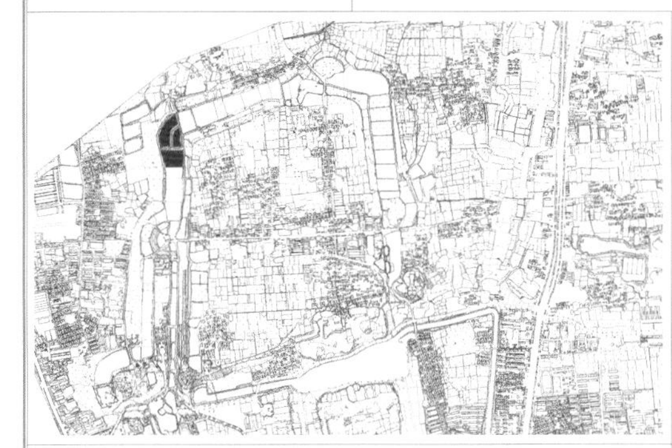

丑 B14 位置

丑 B14-3

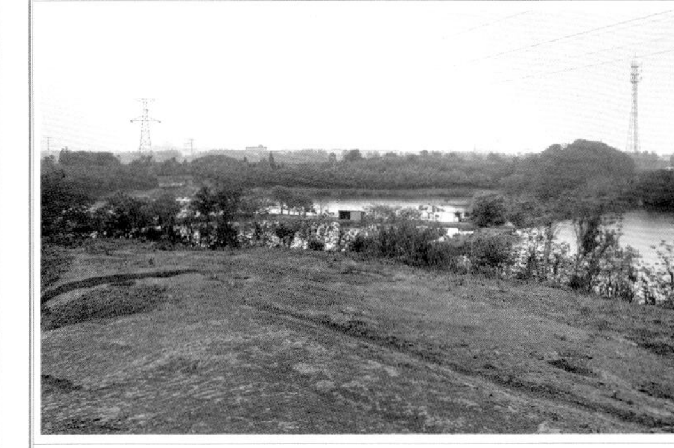

宝城西北拐角最高处西北望

土坝及丑 B14-3

丑 A1		位置	丑 A 段城壕最西段，南邻丑 B14-2 和 B14-3		土地权属
		重要性	宝城北墙外城壕		小渔村老板私用
本段城壕水面当前形制		长	115 米	宽	73 米
海拔高程		河岸	16.4~17 米	水面	约 16 米
水来源	自然积水	底部	14~15 米	水深	1~1.7 米
城壕现地用形式		现为鱼塘。水面距北侧挡水设施表面约 1 米			
城壕现留存状况		西北—东南走向的长方形，370 平方米。水体形态完整。目前南北两侧均有大量草木直接濒临水滨。城壕本体与水体之间基本少有铺垫缓冲，处于自然态			
驳岸地用及植被状况		北侧水体尚无护坡，南侧邻近水面部分具备一定宽度的踏步，但目前已经为林木所完全覆盖无法行走			
城壕现有保护措施		未见实质性的护坡措施			
周围考古资源分布状况		大土垄、宝城北墙西端			
城壕及墙体关系解析		能看到墙体的坍塌坡形，但墙体原始边界位置已不可考。丑 A1 现有塘口距北墙外侧夯土遗存边沿约 8 米，北侧村落占压，故其与土垄边沿关系有待明确			
周边现地用形式及相关人群数量		河北侧有成片民房占压墙体			
现存城壕保护压力		墙体与现有水塘之间仍须建构缓冲保护设施，以便减少侵蚀危害			
现有规划或方案保护要求		墙体外侧培护、疏浚城壕、降低护城河水位、收缩现有水域面积、墙体植被系统景观设计、城壕外侧近水道路系统等			

丑 A1 位置示意图

丑 A1

丑 A1 水域

水塘与隔梁

丑 A2		位置	丑 A 段城壕西段，西邻丑 A1		土地权属
		重要性	宝城北墙外城壕		小渔村老板私用
本段城壕水面当前形制		长	185 米	宽	110 米
海拔高程		河岸	15.8~17 米	水面	约 16 米
水来源	自然积水	底部	约 14 米	水深	1~1.7 米
城壕现地用形式		现为鱼塘。水面距北侧挡水设施表面约 1 米			
城壕现留存状况		西北—东南走向的长方形，19500 平方米。水体形态完整。目前北侧均有大量草木直接濒临水滨。城壕本体与水体之间基本少有铺垫缓冲，处于自然态			
驳岸地用及植被状况		北侧植被直接滨水，墙体斜坡较大，南侧邻近水面部分具备一定宽度的踏步，3~5 米			
城壕现有保护措施		北侧未见实质性的护坡措施	周围考古资源分布状况		大土垄、宝城北墙西端
城壕及墙体关系解析		城壕及墙体关系解析:北侧墙体与城壕关系不清，疑其部分已经坍塌，现有植被直接在坍塌堆积上长出。南侧人为干预明显，或是在坍塌堆积上直接架构踏步。由于水的侵蚀作用，两侧城壕与墙体原始位置关系均已无从考察。丑 A2 南侧距离北墙垣外侧夯土边沿约 5 米，北侧距离大土垄南侧边沿约 8 米			
周边现地用形式及相关人群数量		河北侧有成片民房占压墙体。南侧墙体上占压跨度近 160 米，西南部为制造厂，北部为养犬场，东部为农家乐。常住人口较少			
现存城壕保护压力		墙体与现有水塘之间仍须建构缓冲保护设施，以便减少侵蚀危害			
现有规划或方案保护要求		墙体外侧培护、疏浚城壕、降低护城河水位、收缩现有水域面积、墙体植被系统景观设计、城壕外侧近水道路系统等			

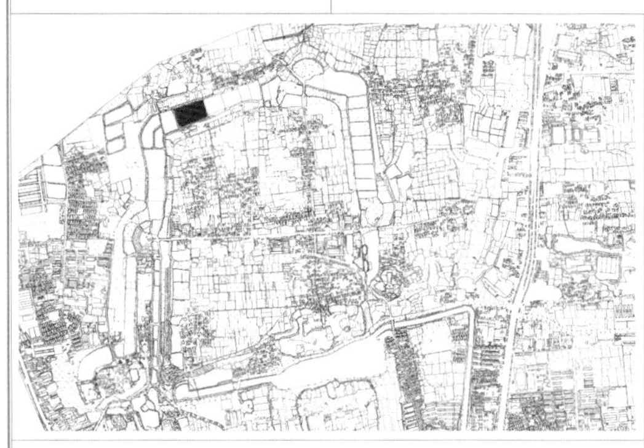

丑 A2 位置示意图

丑 A2 北侧护坡

丑 A2 南侧滨水走道及保存墙体坡面关系

丑 A2 南侧中部搭建水上过道

丑 A3	位置	丑 A 段城壕西段，西邻丑 A2				土地权属			
	重要性	宝城北墙外城壕				私用			
本段城壕水面当前形制		长	110 米	宽	84 米	水来源	自然积水		
海拔高程	河岸	16~17.0 米	水面	约 15 米	底部	13~14 米	水深	1~1.7 米	
城壕现地用形式		现为鱼塘。水面据北侧挡水设施表面约 1 米							
城壕现留存状况		西北—东南走向的长方形，8500 平方米							
驳岸地用及植被状况		北侧植被直接滨水，墙体斜坡较大，南侧邻近水面部分具备一定宽度的踏步，约 3~5 米，踩踏面不足 1 米。目前南北两侧均有大量草木直接濒临水滨。城壕本体与水体之间基本少有铺垫缓冲，处于自然态							
城壕现有保护措施		南侧基本保持自然态，而北侧坡地已经局部被村民利用							
周围考古资源分布状况		大土垄、宝城北墙西端							
城壕及墙体关系解析		北侧墙体与城壕关系不清，疑其部分已经坍塌，现有植被直接在坍塌堆积上长出。南侧人为干预明显，或是在坍塌堆积上直接踩踏成小径。由于水的侵蚀作用，两侧城壕与墙体原始位置关系均已无从考察。北墙垣外侧夯土边沿已经进入塘口以内 5 米左右，北侧距离大土垄南侧边沿约 5 米							
周边现地用形式及相关人群数量		毗邻丑 A3 南侧有一穿过墙体的小径，东侧为民房占压，西侧辟为墓地。南侧滨水区域林木茂密，只有不成形的小径一条，疑为在坍塌堆积上长久踩踏的结果。对侧河岸护坡已经被村落住户设计为石质台阶，直通河边。西侧则由较茂密树林阻隔							
现存城壕保护压力		墙体与现有水塘之间仍须建构缓冲保护设施，以便减少侵蚀危害							
现有规划或方案保护要求		墙体外侧培护、疏浚城壕、降低护城河水位、收缩现有水域面积、墙体植被系统景观设计、城壕外侧近水道路系统等							

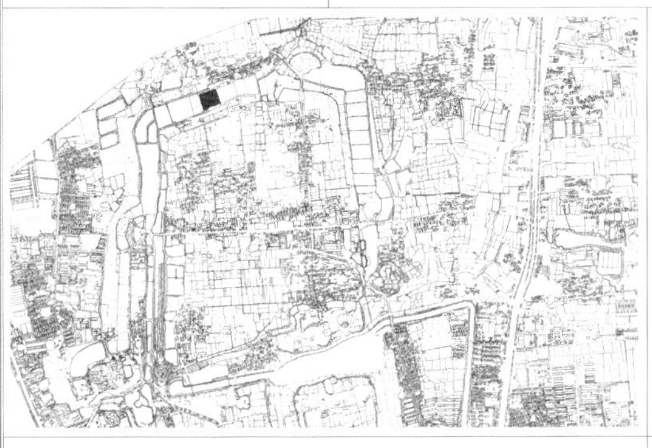

丑 A3 位置

丑 A3 北坡

丑 A3 宝城一侧滨水植被

丑 A3

丑 A4	位置	丑 A 段城壕西段，西邻丑 A3				土地权属	
	重要性	宝城北墙外城壕				私用	
本段城壕水面当前形制		长	107 米	宽	76 米	水来源	积水
海拔高程		河岸	16.4 米	水面	约 15 米	底部	淤至 15 米
		水深	现存部分基本淤塞，残留藕塘部分深不过 80 厘米				
城壕现地用形式		现已经基本淤塞，只有北侧局部保留一个小藕塘。其他部位或间有农业作物。淤塞平面比南岸坡底端仅低约 50 厘米					
城壕现留存状况		西北—东南走向的长方形，7700 平方米。水体形态完整。目前北侧均有大量草木直接濒临水滨。城壕本体与水体之间基本少有铺垫缓冲，处于自然态					
驳岸地用及植被状况		北侧植被直接滨水，墙体斜坡较大，有大量旁边村落对方的生产生活垃圾。南侧邻近水面部分 3~5 米，较为浅平，已经与淤塞的部分大体持平，坡度不明显，杂草茂密。南侧近坡处无其他民用公用设施。北侧陡坡上即村落					
城壕现有保护措施		未见实质性的保护措施		周围考古资源分布状况		大土垄、宝城北墙西端	
城壕及墙体关系解析		北侧墙体与城壕关系不清，疑其部分已经坍塌，现有植被直接在坍塌堆积上长出。南侧人为干预明显，或是在坍塌堆积上直接踩踏成小径，坡面底部已经与塘淤塞部分基本持平。由于水的侵蚀作用，两侧城壕与墙体原始位置关系均已无从考察。丑 A4 南侧塘口边缘距宝城北墙外夯土遗存边沿约 5 米，北侧与土垄边沿齐平					
周边现地用形式及相关人群数量		毗邻丑 A3 南侧有一穿过墙体的小径，东侧墙体为民房占压，前面墙下即是丑 A4					
现存城壕保护压力		墙体与现有水塘之间仍须建构缓冲保护设施，以便减少侵蚀危害					
现有规划或方案保护要求		墙体外侧培护、疏浚城壕、降低护城河水位、收缩现有水域面积、墙体植被系统景观设计、城壕外侧近水道路系统等					

丑 A4 位置

土垄一侧

丑 A4 塘口内

丑 A4 开口跨度

丑 A5		位置	丑 A 段城壕中段，西邻丑 A4	土地权属	
		重要性	宋城北墙外城壕	私用	
本段城壕水面当前形制		长	79 米	宽	63 米
海拔高程		河岸	16~16.4 米	水面	无
水来源	积水	底部	淤至 15~16 米	水深	基本淤塞
城壕现地用形式		现已经基本淤塞，只有北侧局部保留一个小藕塘。其他部位或间有农业作物			
城壕现留存状况		西北—东南走向的长方形，4500 平方米。淤塞严重林木、近村落处农作物覆盖面积较大			
驳岸地用及植被状况		北侧为村落建筑，建筑外出平台直接悬于塘口之上			
城壕现有保护措施		未见实质性的保护措施			
周围考古资源分布状况		大土垄、宋城北墙西端			
城壕及墙体关系解析		北侧墙体与城壕关系不清，但坡体陡直，村内人居干预较多。南侧坡面相对较为平缓。由于水的侵蚀作用，两侧城壕与墙体原始位置关系均已无从考察。丑 A5 塘口距离南侧宋城北墙外侧夯土遗存边沿约 3 米，北侧与土垄边沿基本齐平			
周边现地用形式及相关人群数量		南侧塘口周围只有极少砖房，北侧则直接紧邻村落，人口活动频繁，垃圾倾倒、公厕建筑、院落露台较多			
现存城壕保护压力		墙体与现有水塘之间仍须建构缓冲保护设施，以便减少侵蚀危害			
现有规划或方案保护要求		墙体外侧培护、疏浚城壕、降低护城河水位、收缩现有水域面积、墙体植被系统景观设计、城壕外侧近水道路系统等			

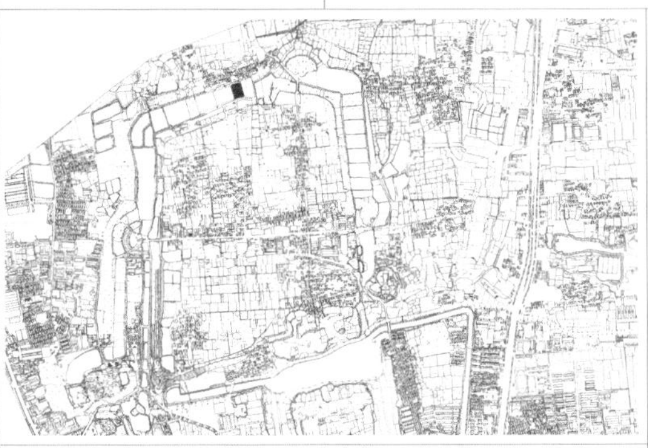

丑 A5 位置

丑 A5 土垄侧人工湖泊

丑 A5 内地用

丑 A5 对侧建筑

丑 A6		位置	丑 A 段城壕东段，西邻丑 A5	土地权属	
		重要性	宋城北墙外城壕	私用	
本段城壕水面当前形制		长	112 米	宽	86 米
海拔高程		河岸	15.5~15.7 米	水面	约 15 米
水来源	自然积水	底部	13~14 米	水深	约 1.5 米
城壕现地用形式		现已为一个小鱼塘。北侧直接临水建房			
城壕现留存状况		东北北—西南走向的长方形，约 8500 平方米。水体形态完整。塘口北侧人为影响较大			
驳岸地用及植被状况		北侧为村落建筑，近岸边地带植物茂盛亲水			
城壕现有保护措施		未见实质性的保护措施			
周围考古资源分布状况		大土垄、宋城北墙西端			
城壕及墙体关系解析		北侧墙体与城壕关系不清，坡体为村内人居干预较多。南侧坡面相对较为平缓。由于水的侵蚀作用，两侧城壕与墙体原始位置关系均已无从考察。现存夯土边缘在塘口外侧缓坡一带。丑 A6 南侧塘口边缘距宋城北墙外夯土遗存边沿约 7 米，北侧与土垄边沿齐平			
周边现地用形式及相关人群数量		北侧则直接紧邻村落，人口活动频繁，蔬菜种植、垃圾倾倒、家禽饲养、院落露台较多			
现存城壕保护压力		墙体与现有水塘之间仍须建构缓冲保护设施，以便减少侵蚀危害			
现有规划或方案保护要求		墙体外侧培护、疏浚城壕、降低护城河水位、收缩现有水域面积、墙体植被系统景观设计、城壕外侧近水道路系统等			

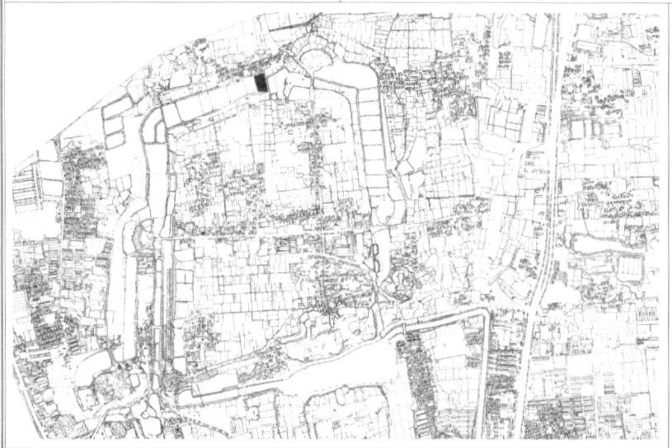

丑 A6 位置

丑 A6 北侧建筑与护坡

丑 A6 北侧植被

丑 A6 水域

丑 A7	位置	丑 A 段城壕东段，西邻丑 A6			土地权属
	重要性	宝城北墙外城壕			私用
本段城壕水面当前形制		长	41 米	宽	30 米
海拔高程		河岸	15.5~15.7 米	水面	约 15 米
水来源	自然积水	底部	13~14 米	水深	约 1.5 米
城壕现地用形式		现已为一个小鱼塘。近北侧间有少量农业作物			
城壕现留存状况		东北北—西南走向的长方形，约 1250 平方米。水体形态完整。塘口北侧人为影响较大			
驳岸地用及植被状况		北侧为村落建筑，近岸边处种植少量农作物			
城壕现有保护措施		未见实质性的保护措施			
周围考古资源分布状况		大土垄、宝城北墙西端			
城壕及墙体关系解析		北侧墙体与城壕关系不清，坡体为村内人居干预较多。南侧坡面相对较为平缓。由于水的侵蚀作用，两侧城壕与墙体原始位置关系均已无从考察。丑 A7 南侧扔在城壕内，北侧由于建筑物占压无法明确其与土垄关系			
周边现地用形式及相关人群数量		北侧则直接紧邻村落，人口活动频繁，蔬菜种植、垃圾倾倒、家禽饲养、院落露台较多			
现存城壕保护压力		墙体与现有水塘之间仍须建构缓冲保护设施，以便减少侵蚀危害			
现有规划或方案保护要求		墙体外侧培护、疏浚城壕、降低护城河水位、收缩现有水域面积、墙体植被系统景观设计、城壕外侧近水道路系统等			

丑 A7 位置

丑 A7 北侧护坡

丑 A7 北侧建筑

丑 A7 水域

丑 A9	位置	丑 A 段城壕东段北侧，西邻丑 A8			土地权属
	重要性	宝城北墙外城壕			私用
本段城壕水面当前形制		长	124 米	宽	37 米
海拔高程		河岸	14.3~15.3 米	水面	—
水来源	自然积水	底部	基本干涸	水深	—
城壕现地用形式		农业作物用地。现存部分基本淤塞，已经改为农业耕种			
城壕现留存状况		东北—西南走向的长方形，约 4500 平方米。淤塞严重林木、近村落处农作物覆盖面积较大			
驳岸地用及植被状况		北侧为村落建筑，靠尹家桥一侧则多为林木杂草，原尹家桥下河流即主要流经该区域，现河流已成小沟			
城壕现有保护措施		未见实质性的保护措施			
周围考古资源分布状况		大土垄、宝城北墙西端			
城壕及墙体关系解析		丑 A9 与北侧占压严重，故其与土垄关系不清，但缓坡态势明显，村内人居干预较多。南侧在壕内			
周边现地用形式及相关人群数量		北侧则直接紧邻村落，人口活动频繁，垃圾倾倒、家禽饲养、院落露台较多			
现存城壕保护压力		墙体与现有水塘之间仍须建构缓冲保护设施，以便减少侵蚀危害			
现有规划或方案保护要求		墙体外侧培护、疏浚城壕、降低护城河水位、收缩现有水域面积、墙体植被系统景观设计、城壕外侧近水道路系统等			

丑 A9 位置

丑 A9

丑 A9 北侧建筑

丑 A9 与北侧村落建筑、尹家桥

丑 A10	位置	丑 A 段城壕东段北侧，西邻丑 A8			土地权属
	重要性	宝城北墙外城壕			私用
本段城壕水面当前形制		长	120 米	宽	80 米
海拔高程		河岸	16.2~17.7 米	水面	约 15 米
水来源	积水	底部	14 米左右	水深	约 1.5 米
城壕现地用形式		鱼塘			
城壕现留存状况		不规则形，约 5600 平方米。水面开阔。南线沿宝城北墙走势明显			
驳岸地用及植被状况		南坡上植被丰富。与西侧丑 A8 鱼塘之间土坝上有大量树木。丑 A10 南侧紧邻宝城北墙，距离外侧夯土遗存边沿约 5~7 米，北部在壕内			
城壕现有保护措施		未见实质性的保护措施			
周围考古资源分布状况		大土垄、宝城北墙中段拐折处			
城壕及墙体关系解析		墙体坡度明显			
周边现地用形式及相关人群数量		东南紧邻豆腐作坊和一处村办企业厂房，拉圾倾倒现象严重			
现存城壕保护压力		墙体与现有水塘之间仍须建构缓冲保护设施，以便减少侵蚀危害			
现有规划或方案保护要求		墙体外侧培护、疏浚城壕、降低护城河水位、收缩现有水域面积、墙体植被系统景观设计、城壕外侧近水道路系统等			

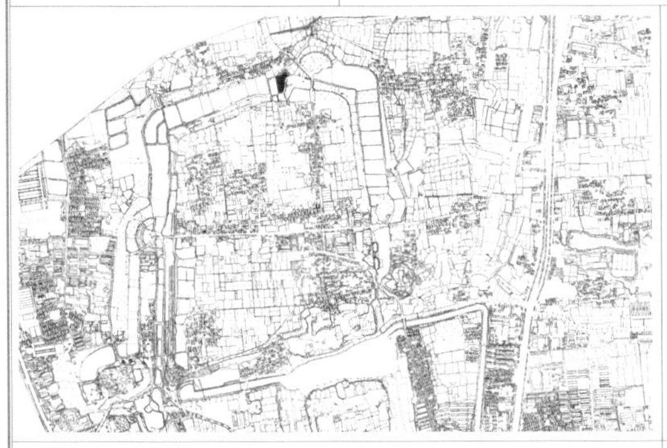

丑 A10 位置

丑 A8 水域

丑 A10 水域

丑 A11	位置	丑 A 段城壕东段，紧邻回民公墓西侧道路，北邻丑 A9			土地权属
	重要性	宝城北墙外城壕			私用
本段城壕水面当前形制		长	90 米	宽	65 米
海拔高程		河岸	14.3~14.8 米	水面	—
水来源	干涸	底部	14 米左右	水深	—
城壕现地用形式		农地			
城壕现留存状况		不规则形。南线沿宝城北墙走势明显			
驳岸地用及植被状况		完全沦为菜地、草地，东侧为尹家桥桥基			
城壕现有保护措施		未见实质性的保护措施			
周围考古资源分布状况		大土垄、宝城北墙中段拐折处			
城壕及墙体关系解析		南侧墙体坡度明显。丑 A11 北部在壕内，南侧距离北城垣外侧夯土遗存边沿约 9 米			
周边现地用形式及相关人群数量		东南紧邻豆腐作坊和一处村办企业厂房			
现存城壕保护压力		墙体与现有水塘之间仍须建构缓冲保护设施，以便减少侵蚀危害			
现有规划或方案保护要求		墙体外侧培护、疏浚城壕、降低护城河水位、收缩现有水域面积、墙体植被系统景观设计、城壕外侧近水道路系统等			

丑 A11 位置

宝城北墙与丑 A11

丑 A11 东侧

丑 A11 与宝城北墙中部

丑 A12	位置	南侧紧邻回民公墓北侧道路，西邻丑 A9		土地权属
	重要性	瓮城北侧城壕		私用
本段城壕水面当前形制		长		宽	
海拔高程		河岸	15~16 米	水面	约 14 米
水来源	干涸	底部	约 13 米	水深	
城壕现地用形式	农地				
城壕现留存状况	扇形。南北跨度约 75 米，东西跨度为 287 米。现在均为堰塞状态				
驳岸地用及植被状况	完全沦为菜地、草地、林地、渠道用地等。北侧基本淤塞				
城壕现有保护措施	未见实质性的保护措施				
周围考古资源分布状况	宝城北侧瓮城、大土垄				
城壕及墙体关系解析	轮廓线基本与瓮城外延轮廓吻合				
周边现地用形式及相关人群数量	农用较多，其他影响较少				
现存城壕保护压力	农业垦殖				
现有规划或方案保护要求	墙体外侧培护、疏浚城壕、降低护城河水位、收缩现有水域面积、墙体植被系统景观设计、城壕外侧近水道路系统等				

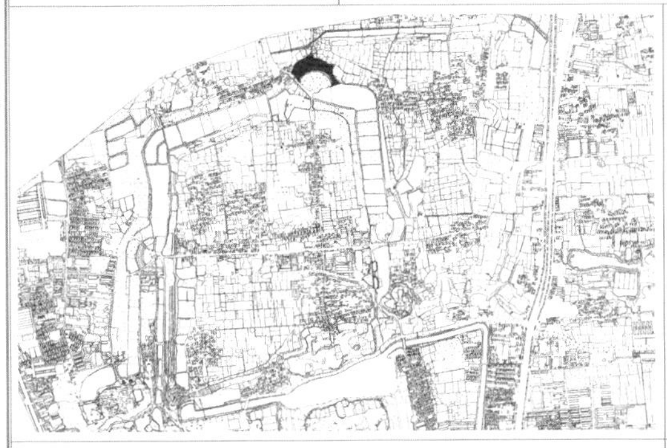

丑 A12 位置

回民公墓、北侧林地及南侧宝城东北角

回民公墓北侧河流现状

瓮城北侧城壕现状

寅段城壕

寅 A1	位置	回民公墓东东南侧		土地权属
	重要性	宝城北侧城壕		私用
本段城壕水面当前形制		长	90 米	宽	76 米
海拔高程		河岸	14.3~15.4 米	水面	约 15 米
水来源	自然积水	底部	13~14 米	水深	约 1.5 米
城壕现地用形式	鱼塘在东、小块农地在西				
城壕现留存状况	不规则形，约 5600 平方米。南线沿宝城北墙走势明显				
驳岸地用及植被状况	完全沦为菜地、草地				
城壕现有保护措施	未见实质性的护坡措施				
周围考古资源分布状况	瓮城、宝城北墙、大土垄				
城壕及墙体关系解析	宝城北墙、瓮城以及土垄三者之间。寅 A1 南侧距离北城垣夯土遗存边沿约 10 米，西侧局部夯土边沿已经进入塘口。北侧距离土垄边缘约 10~15 米不等				
周边现地用形式及相关人群数量	行人较少，农地使用破坏较小				
现存城壕保护压力	墙体与现有水塘之间仍须建构缓冲保护设施，以便减少侵蚀危害				
现有规划或方案保护要求	墙体外侧培护、疏浚城壕、降低护城河水位、收缩现有水域面积、墙体植被系统景观设计、城壕外侧近水道路系统等				

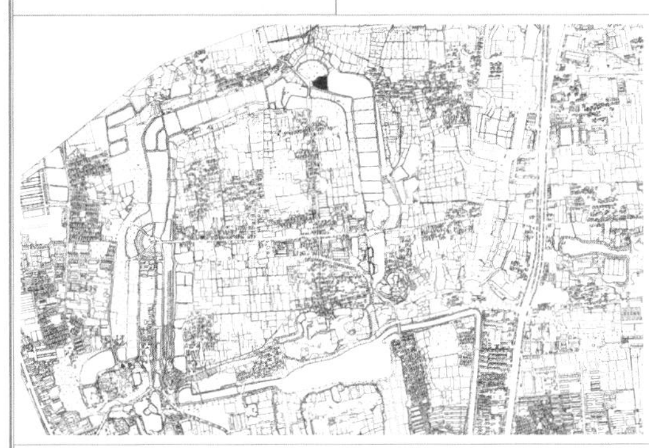

寅 A1 位置

寅 A1 西侧

丑 B1 寅 A1 与公墓

寅 A1 北侧

寅 A2	位置	回民公墓东南侧		土地权属
	重要性	宝城东北侧城壕		私用
本段城壕水面当前形制	长	240 米	宽	140 米
海拔高程	河岸	14.3 米	水面	约 14 米
水来源：自然积水	底部	约 13 米	水深	约 1.5 米
城壕现地用形式	鱼塘			
城壕现留存状况	不规则形，约 27900 平方米			
驳岸地用及植被状况	周边有村落农业种植作物、野地芦苇等。隔梁上多已辟为农地种植油菜等农作物。南线沿宝城北墙走势明显。人为地用较少。对侧土垄南岸相对复杂，人为干预较多			
城壕现有保护措施	未见实质性的护坡措施	周围考古资源分布状况	宝城东北角、大土垄	
城壕及墙体关系解析	宝城东北角、大土垄间为城壕，结构清楚，轮廓清晰。寅 A2 北侧与东北侧土垄坡线基本与塘口吻合，宝城墙垣外侧夯土遗存边沿与塘口基本吻合（但距离拐折处内侧墙体可能还有 20~30 米的距离），南拐之后，与夯土遗存边沿保持约 5~7 米的距离			
周边现地用形式及相关人群数量	行人较少，农地使用破坏较小			
现存城壕保护压力	墙体与现有水塘之间仍须建构缓冲保护设施，以便减少侵蚀危害			
现有规划或方案保护要求	墙体外侧培护、疏浚城壕、降低护城河水位、收缩现有水域面积、墙体植被系统景观设计、城壕外侧近水道路系统等			

寅 A2 位置

寅 A2 东北侧村落和大土垄

寅 A2 处宝城东北角

寅 A2 北侧

寅 B1	位置	宝城东北角外侧，紧邻西侧寅 A1 和东侧陆庄和大谈庄		土地权属
	重要性	宝城北侧城壕		私用
本段城壕水面当前形制	长	120 米	宽	66 米
海拔高程	河岸	16~17 米	水面	约 15 米
水来源：自然积水	底部	约 13 米	水深	约 1.5 米
城壕现地用形式	鱼塘			
城壕现留存状况	不规则形，约 7900 平方米。西侧宝城东墙坍塌堆积压在塘口。东侧为大土垄，原有城壕与土垄分野现已经不存			
驳岸地用及植被状况	周边有村落农业种植作物、野地芦苇等。隔梁上多已经辟为农地种植油菜等农作物			
城壕现有保护措施	未见实质性的护坡措施			
周围考古资源分布状况	宝城东北角、大土垄			
城壕及墙体关系解析	宝城东北角、大土垄间为城壕，结构清楚，轮廓清晰。寅 B1 与宝城城垣东侧坍塌堆积边沿相距 5~10 米，塘口与东侧土垄边沿吻合			
周边现地用形式及相关人群数量	西侧行人较少，东侧农地及村落人类活动频繁			
现存城壕保护压力	墙体与现有水塘之间仍须建构缓冲保护设施，以便减少侵蚀危害			
现有规划或方案保护要求	墙体外侧培护、疏浚城壕、降低护城河水位、收缩现有水域面积、墙体植被系统景观设计、城壕外侧近水道路系统等			

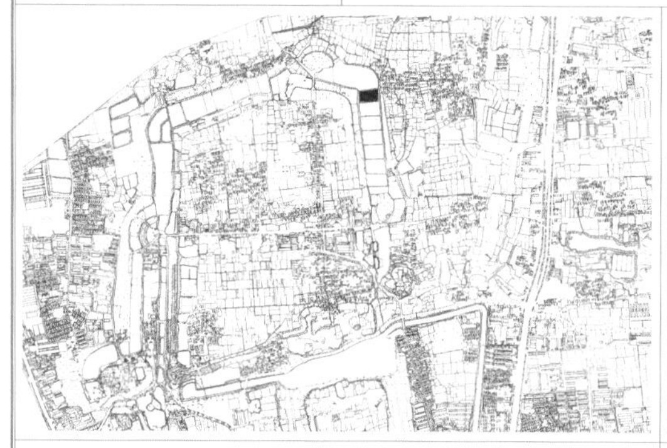

寅 B1 位置

宝城东北角

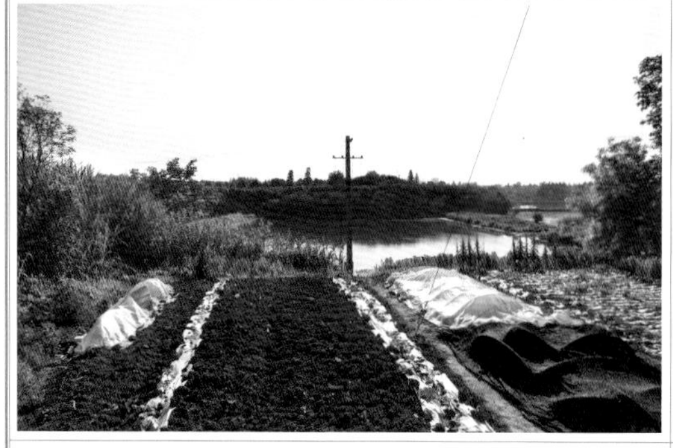

寅 B1 东北坡岸农作

寅 B1 与宝城东墙

寅 B2		位置	宝城东墙外侧，紧邻寅 B1		土地权属
		重要性	宝城东侧城壕		私用
本段城壕水面当前形制		长	120 米	宽	72 米
海拔高程		河岸	约 16.1 米	水面	约 15 米
水来源	自然积水	底部	约 13 米	水深	约 1.5 米
城壕现地用形式		鱼塘			
城壕现留存状况		不规则形，约 8600 平方米。西侧宝城东墙坍塌堆积压在塘口。东侧为大土垄，原有城壕与土垄分野现已经不存			
驳岸地用及植被状况		周边有村落农业种植作物、野地芦苇等。隔梁上多已经辟为农地种植油菜等农作物			
城壕现有保护措施		未见实质性的护坡措施			
周围考古资源分布状况		宝城东墙、大土垄			
城壕及墙体关系解析		宝城东墙、大土垄间为城壕，结构清楚，轮廓清晰。寅 B2 与宝城城垣东侧坍塌堆积边沿相距 10 米左右，塘口与东侧土垄边沿吻合			
周边现地用形式及相关人群数量		西侧行人较少，东侧农地及村落人类活动频繁			
现存城壕保护压力		墙体与现有水塘之间仍须建构缓冲保护设施，以便减少侵蚀危害			
现有规划或方案保护要求		墙体外侧培护、疏浚城壕、降低护城河水位、收缩现有水域面积、墙体植被系统景观设计、城壕外侧近水道路系统等			

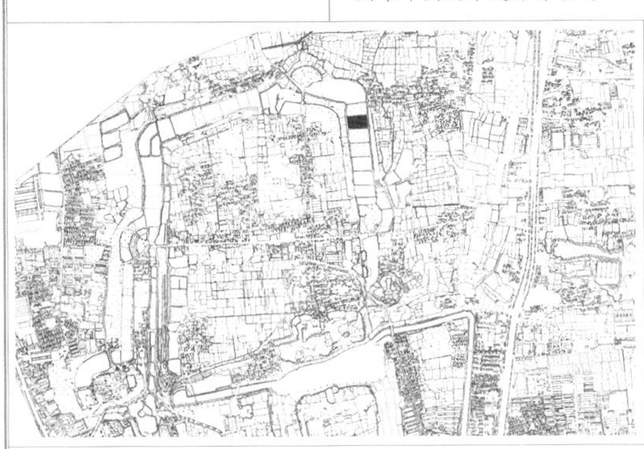

寅 B2 位置

寅 B2 西侧房屋

寅 B2 与宝城东墙遗存

寅 B2 与大土垄

寅 B3		位置	宝城东墙外侧，紧邻北侧寅 B2		土地权属
		重要性	宝城东侧城壕		私用
本段城壕水面当前形制		长	120 米	宽	77 米
海拔高程		河岸	16.85 米	水面	约 15 米
水来源	自然积水	底部	约 13 米	水深	约 1.5 米
城壕现地用形式		鱼塘			
城壕现留存状况		不规则形，约 8600 平方米。西侧宝城东墙坍塌堆积压在塘口。东侧为大土垄，原有城壕与土垄分野现已经不存			
驳岸地用及植被状况		周边有村落农业种植作物、野地芦苇等。隔梁上多已经辟为农地种植油菜等农作物			
城壕现有保护措施		未见实质性的护坡措施			
周围考古资源分布状况		宝城东墙、大土垄			
城壕及墙体关系解析		宝城东墙、大土垄间为城壕，结构清楚，轮廓清晰。寅 B3 与宝城城垣东侧坍塌堆积边沿相距 10 米左右，塘口与东侧土垄边沿吻合			
周边现地用形式及相关人群数量		西侧行人较少，东侧农地及村落人类活动频繁			
现存城壕保护压力		墙体与现有水塘之间仍须建构缓冲保护设施，以便减少侵蚀危害			
现有规划或方案保护要求		墙体外侧培护、疏浚城壕、降低护城河水位、收缩现有水域面积、墙体植被系统景观设计、城壕外侧近水道路系统等			

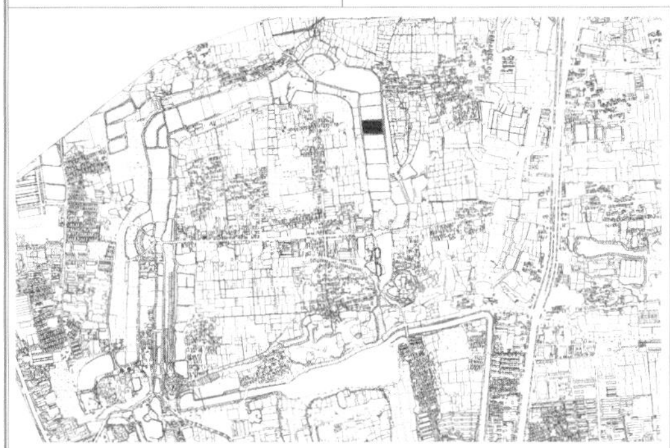

寅 B3 位置

宝城东墙在寅 B3 段落

寅 B3 西侧植被

寅 B3 与土垄

寅 B4	位置	宝城东墙外侧，紧邻北侧寅 B3		土地权属
	重要性	宝城东侧城壕		私用
本段城壕水面当前形制	长	115 米	宽	80 米
海拔高程	河岸	16.59 米	水面	约 15 米
水来源：自然积水	底部	约 13 米	水深	约 1.5 米
城壕现地用形式	鱼塘			
城壕现留存状况	不规则形，约 9200 平方米。西侧宝城东墙坍塌堆积压在塘口，植被十分茂盛。东侧为大土垄，原有城壕与土垄分野现已经不存			
驳岸地用及植被状况	北侧隔梁上植被覆盖十分茂密。东侧岸边主要为渔业监护区域			
城壕现有保护措施	未见实质性的护坡措施			
周围考古资源分布状况	宝城东墙、大土垄			
城壕及墙体关系解析	宝城东墙、大土垄间城壕，结构清楚，轮廓清晰。寅 B4 与宝城城垣东侧坍塌堆积边沿相距 10~15 米左右，塘口与东侧土垄边沿吻合			
周边现地用形式及相关人群数量	西侧无行人，东侧渔业监护区域活动也不多			
现存城壕保护压力	墙体与现有水塘之间仍须建构缓冲保护设施，以便减少侵蚀危害			
现有规划或方案保护要求	墙体外侧培护、疏浚城壕、降低护城河水位、收缩现有水域面积、墙体植被系统景观设计、城壕外侧近水道路系统等			

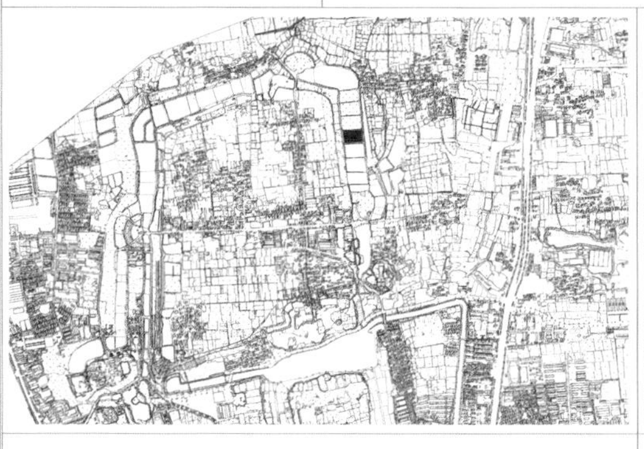

寅 B4 位置

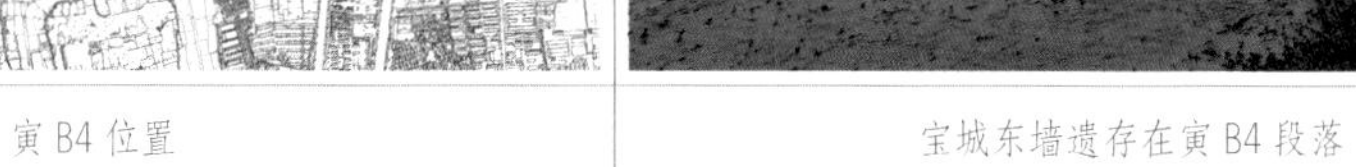

宝城东墙遗存在寅 B4 段落

寅 B4 北侧隔梁植被

寅 B4 水域

寅 B5	位置	宝城东墙外侧，紧邻北侧寅 B4		土地权属
	重要性	宝城东侧城壕		私用
本段城壕水面当前形制	长	112 米	宽	76 米
海拔高程	河岸	16.2 米	水面	约 15 米
水来源：自然积水	底部	约 13 米	水深	约 1.5 米
城壕现地用形式	鱼塘			
城壕现留存状况	不规则形，约 8000 平方米。西侧宝城东墙坍塌堆积压在塘口，植被十分茂盛。东侧为大土垄，原有城壕与土垄分野现已经不存			
驳岸地用及植被状况	北侧隔梁上植被覆盖十分茂密。东侧岸边主要为渔业监护区域			
城壕现有保护措施	未见实质性的护坡措施			
周围考古资源分布状况	宝城东墙、大土垄			
城壕及墙体关系解析	宝城东墙、大土垄间城壕，结构清楚，轮廓清晰。寅 B5 与宝城城垣东侧坍塌堆积边沿相距 10~15 米左右，塘口与东侧土垄边沿吻合			
周边现地用形式及相关人群数量	西侧无行人，东侧渔业监护区域活动也不多			
现存城壕保护压力	墙体与现有水塘之间仍须建构缓冲保护设施，以便减少侵蚀危害			
现有规划或方案保护要求	墙体外侧培护、疏浚城壕、降低护城河水位、收缩现有水域面积、墙体植被系统景观设计、城壕外侧近水道路系统等			

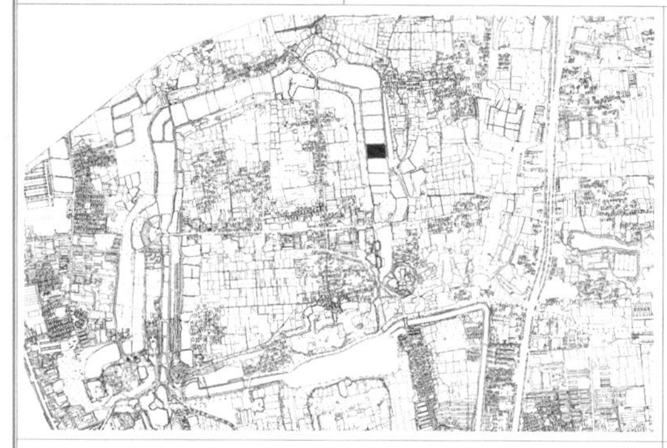

寅 B5 位置

东侧渔业监管区

寅 B5 东侧土垄

寅 B5 水域

寅 B6	位置	宝城东墙外侧，紧邻北侧寅 B5			土地权属
	重要性	宝城东侧城壕			私用
本段城壕水面当前形制		长	115 米	宽	80 米
海拔高程		河岸	16.1 米	水面	约 15 米
水来源	自然积水	底部	约 13 米	水深	约 1.5 米
城壕现地用形式		鱼塘			
城壕现留存状况		不规则形，约 8700 平方米。西侧宝城东墙坍塌堆积压在塘口，植被十分茂盛。东侧为大土垄，原有城壕与土垄分野现已经不存			
驳岸地用及植被状况		北侧隔梁上有油菜等作物种植。东侧岸边主要为渔业监护区域			
城壕现有保护措施		未见实质性的护坡措施			
周围考古资源分布状况		宝城东墙、大土垄			
城壕及墙体关系解析		宝城东墙、大土垄间城壕，结构清楚，轮廓清晰。寅 B6 与宝城城垣东侧坍塌堆积边沿相距 15 米左右，塘口与东侧土垄边沿吻合			
周边现地用形式及相关人群数量		西侧无行人，东侧渔业监护区域活动也不多			
现存城壕保护压力		墙体与现有水塘之间仍须建构缓冲保护设施，以便减少侵蚀危害			
现有规划或方案保护要求		墙体外侧培护、疏浚城壕、降低护城河水位、收缩现有水域面积、墙体植被系统景观设计、城壕外侧近水道路系统等			

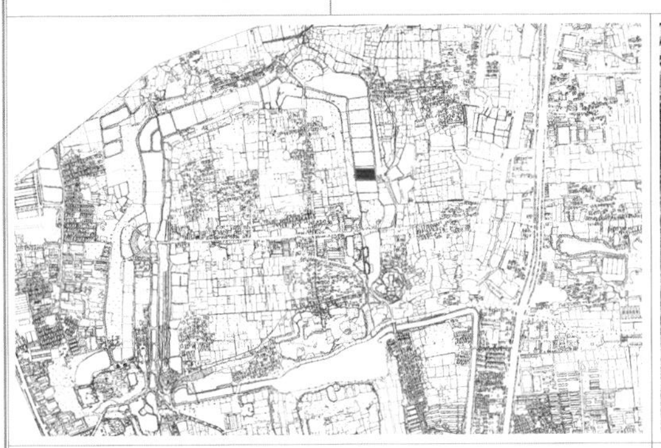

寅 B6 位置

寅 B6 东侧道路

寅 B6 水域

寅 B7	位置	宝城东墙外侧，紧邻北侧寅 B6			土地权属
	重要性	宝城东侧城壕			私用
本段城壕水面当前形制		长	116 米	宽	70 米
海拔高程		河岸	16.2 米	水面	约 15 米
水来源	自然积水	底部	约 13 米	水深	约 1.5 米
城壕现地用形式		鱼塘			
城壕现留存状况		不规则形，约 7800 平方米。西侧宝城东墙坍塌堆积压在塘口，植被十分茂盛。东侧为大土垄，原有城壕与土垄分野现已经不存			
驳岸地用及植被状况		北侧隔梁上植被覆盖十分茂密。东侧岸边主要为渔业监护区域			
城壕现有保护措施		未见实质性的护坡措施			
周围考古资源分布状况		宝城东墙、大土垄			
城壕及墙体关系解析		宝城东墙、大土垄间城壕，结构清楚，轮廓清晰。寅 B7 与宝城城垣东侧坍塌堆积边沿相距 15 米左右，塘口与东侧土垄边沿吻合			
周边现地用形式及相关人群数量		西侧无行人，东侧渔业监护区域活动也不多			
现存城壕保护压力		墙体与现有水塘之间仍须建构缓冲保护设施，以便减少侵蚀危害			
现有规划或方案保护要求		墙体外侧培护、疏浚城壕、降低护城河水位、收缩现有水域面积、墙体植被系统景观设计、城壕外侧近水道路系统等			

寅 B7 位置

寅 B8	位置	宝城东瓮城西北			土地权属
	重要性	宝城瓮城西北侧城壕			私用
本段城壕水面当前形制		长	110 米	宽	40 米
海拔高程		河岸	15.5 米	水面	约 14 米
水来源	自然积水	底部	约 13 米	水深	约 1.5 米
城壕现地用形式		鱼塘			
城壕现留存状况		不规则形，约 4500 平方米。西侧宝城东墙坍塌堆积压在塘口，植被十分茂盛			
驳岸地用及植被状况		南侧为驾校用地。东侧紧邻鱼塘			
城壕现有保护措施		未见实质性的护坡措施			
周围考古资源分布状况		宝城东墙、大土垄			
城壕及墙体关系解析		宝城东墙、大土垄间城壕，结构清楚，轮廓清晰。寅 B8 西侧有大量建筑占压，故其与西侧区域墙垣关系不明确			
周边现地用形式及相关人群数量		西侧无行人，南侧为驾校，车辆人口出入行走频繁			
现存城壕保护压力		墙体与现有水塘之间仍须建构缓冲保护设施，以便减少侵蚀危害			
现有规划或方案保护要求		墙体外侧培护、疏浚城壕、降低护城河水位、收缩现有水域面积、墙体植被系统景观设计、城壕外侧近水道路系统等			

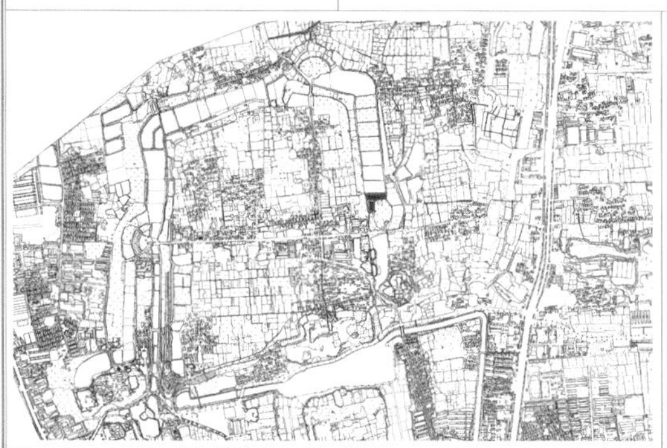

寅 B8 位置

宝城东瓮城城壕

宝城现墙体上望瓮城及其北侧城壕现状

寅 B8 西侧宝城东墙遗存断面

寅 B9	位置	宝城东瓮城东北			土地权属
	重要性	宝城东瓮城东北侧城壕			私用
本段城壕水面当前形制		长	60 米	宽	50 米
海拔高程		河岸	15.3 米	水面	约 14 米
水来源	自然积水	底部	约 13 米	水深	约 1.5 米
城壕现地用形式		鱼塘			
城壕现留存状况		不规则形，约 3200 平方米。东侧靠近岸边北部有单位房屋占压			
驳岸地用及植被状况		东侧紧邻南北向道路，植被较少			
城壕现有保护措施		未见实质性的护坡措施			
周围考古资源分布状况		宝城东墙、大土垄、瓮城			
城壕及墙体关系解析		宝城东瓮城、大土垄间城壕，结构清楚，轮廓清晰			
周边现地用形式及相关人群数量		东侧非干道，人行稀少			
现存城壕保护压力		墙体与现有水塘之间仍须建构缓冲保护设施，以便减少侵蚀危害			
现有规划或方案保护要求		墙体外侧培护、疏浚城壕、降低护城河水位、收缩现有水域面积、墙体植被系统景观设计、城壕外侧近水道路系统等			

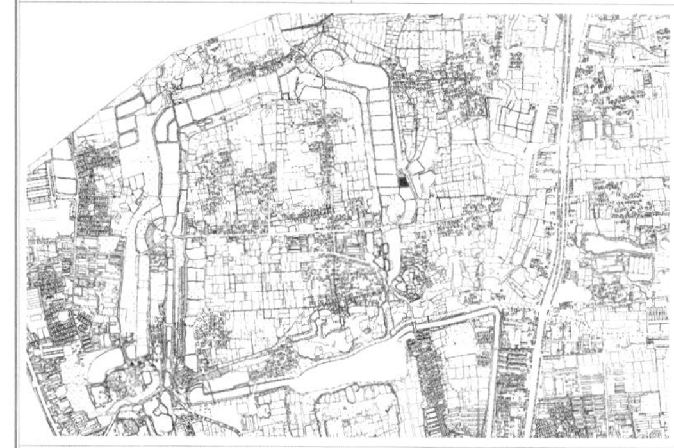

寅 B9 位置

寅 B9 东侧

寅 B9 与宝城瓮城位置关系

渔业和家禽家畜饲养区域

寅 B10	位置	宝城东瓮城东北		土地权属
	重要性	宝城瓮城东北侧城壕		私用

本段城壕水面当前形制		长	60 米	宽	70 米
海拔高程		河岸	15.5 米	水面	约 14 米
水来源	自然积水	底部	约 13 米	水深	约 1.5 米

项目	内容
城壕现地用形式	鱼塘
城壕现留存状况	不规则形，约 5000 平方米
驳岸地用及植被状况	东侧为土垄范围，外侧有南北向道路一条。东侧近道路处有禽舍饲养区域
城壕现有保护措施	未见实质性的护坡措施
周围考古资源分布状况	瓮城
城壕及墙体关系解析	宝城东瓮城、大土垄间城壕，结构清楚，轮廓清晰
周边现地用形式及相关人群数量	东侧非干道，人行稀少
现存城壕保护压力	墙体与现有水塘之间仍须建构缓冲保护设施，以便减少侵蚀危害
现有规划或方案保护要求	墙体外侧培护、疏浚城壕、降低护城河水位、收缩现有水域面积、墙体植被系统景观设计、城壕外侧近水道路系统等

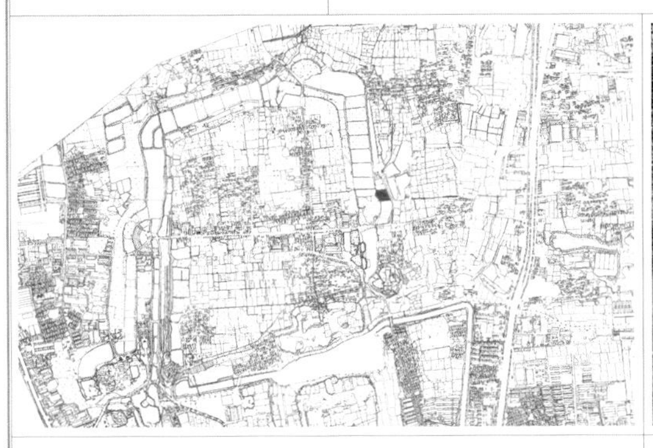

寅 B10 位置

宝城东瓮城东北侧

东侧道路

水域状况

寅 B11	位置	宝城东瓮城东		土地权属
	重要性	宝城瓮城东侧城壕		私用

本段城壕水面当前形制		长	66 米	宽	60 米
海拔高程		河岸	15 米	水面	约 14 米
水来源	自然积水	底部	约 13 米	水深	

项目	内容
城壕现地用形式	鱼塘
城壕现留存状况	不规则形，约 3600 平方米
驳岸地用及植被状况	外侧有南北向道路一条
城壕现有保护措施	未见实质性的护坡措施
周围考古资源分布状况	瓮城
城壕及墙体关系解析	宝城东瓮城、大土垄间城壕，结构清楚，轮廓清晰
周边现地用形式及相关人群数量	东侧非干道，人行稀少
现存城壕保护压力	墙体与现有水塘之间仍须建构缓冲保护设施，以便减少侵蚀危害
现有规划或方案保护要求	墙体外侧培护、疏浚城壕、降低护城河水位、收缩现有水域面积、墙体植被系统景观设计、城壕外侧近水道路系统等

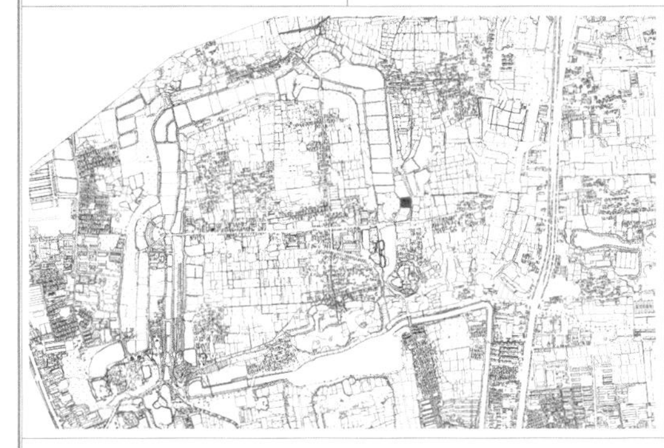

寅 B11 位置

瓮城城壕表面植被

瓮城城壕现状

鱼塘隔梁植被

寅 B12	位置	宝城东瓮城东		土地权属
	重要性	宝城瓮城东侧城壕		私用
本段城壕水面当前形制	长	70 米	宽	40 米
海拔高程	河岸	16.5 米	水面	约 15 米
水来源：自然积水	底部	约 13 米	水深	约 1.5 米
城壕现地用形式	鱼塘			
城壕现留存状况	不规则形，约 2800 平方米			
驳岸地用及植被状况	外侧有南北向道路一条			
城壕现有保护措施	未见实质性的护坡措施			
周围考古资源分布状况	瓮城			
城壕及墙体关系解析	宝城东瓮城与城壕结构清楚，轮廓清晰			
周边现地用形式及相关人群数量	东侧非干道，人行稀少			
现存城壕保护压力	墙体与现有水塘之间仍须建构缓冲保护设施，以便减少侵蚀危害			
现有规划或方案保护要求	墙体外侧培护、疏浚城壕、降低护城河水位、收缩现有水域面积、墙体植被系统景观设计、城壕外侧近水道路系统等			

寅 B12 位置

城壕与瓮城现状

丑 B12 东侧

瓮城与寅 B12

寅 B13	位置	宝城东瓮城东		土地权属
	重要性	宝城瓮城东侧城壕		私用
本段城壕水面当前形制	长	70 米	宽	40 米
海拔高程	河岸	16.5 米	水面	约 15 米
水来源：自然积水	底部	约 13 米	水深	约 1.5 米
城壕现地用形式	鱼塘			
城壕现留存状况	不规则形，水域约 2800 平方米。南侧堡城路北侧现已经干涸，变为单位用地。对侧为驾校，应原为城壕的一部分，北侧与丑 B8 连接			
驳岸地用及植被状况	外侧有南北向道路一条。南侧为堡城路			
城壕现有保护措施	未见实质性的护坡措施			
周围考古资源分布状况	瓮城			
城壕及墙体关系解析	宝城东瓮城与城壕结构清楚，轮廓清晰			
周边现地用形式及相关人群数量	东侧非干道，人行稀少。南侧则是干道			
现存城壕保护压力	墙体与现有水塘之间仍须建构缓冲保护设施，以便减少侵蚀危害			
现有规划或方案保护要求	墙体外侧培护、疏浚城壕、降低护城河水位、收缩现有水域面积、墙体植被系统景观设计、城壕外侧近水道路系统等			

寅 B13 位置

瓮城南侧环境

堰塞与植被状况

东侧道路

寅 B14、15	位置	堡城路南侧，现在为唐城人家所用园林			土地权属
	重要性	宝城东侧城壕			私用
本段城壕水面当前形制		长	320 米	宽	100 米
海拔高程		河岸	15.2 米	水面	约 14 米
水来源	自然积水	底部	约 13 米	水深	约 1.5 米
城壕现地用形式		鱼塘			
城壕现留存状况		不规则形，约 27000 平方米。宝城东墙和这部分的护城壕真实的结构关系目前尚不明确			
驳岸地用及植被状况		局部已经园林化。南侧寅 B15 目前为复合型使用，包括鱼塘、农地和大面积的林地			
城壕现有保护措施		未见实质性的护坡措施			
周围考古资源分布状况		宝城东墙、东南侧瓮城（汉墓博物馆）			
城壕及墙体关系解析		宝城东墙（被唐城人家占压）在其西侧，二者交接处在今唐城人家内，轮廓清晰			
周边现地用形式及相关人群数量		唐城人家有较多的游客，并自发对水域岸边进行了园林化设计建设			
现存城壕保护压力		墙体与现有水塘之间仍须建构缓冲保护设施，以便减少侵蚀危害			
现有规划或方案保护要求		墙体外侧培护、疏浚城壕、降低护城河水位、收缩现有水域面积、墙体植被系统景观设计、城壕外侧近水道路系统等			

寅 B14 位置

水域状况

堡城路南侧

寅 B14 东侧

卯段城壕

卯 A1	位置	瓮城西侧			土地权属
	重要性	瓮城外壕			私用
本段城壕水面当前形制		长	-	宽	-
海拔高程		河岸	17 米以上	水面	-
水来源	完全干涸	底部	16 米左右	沟深	约 1.5 米
城壕现地用形式		现为农地			
城壕现留存状况		南北跨度约 260 米。宽度约 55 米。呈现新月形态，约 13600 平方米。态势清晰，轮廓明确			
驳岸地用及植被状况		两侧均为茶园。农地种植油菜等多种作物			
城壕现有保护措施		未见实质性的护坡措施			
周围考古资源分布状况		大土垄、瓮城			
城壕及墙体关系解析		土垄、城壕、瓮城轮廓清晰。卯 A1 塘口东距瓮城城垣外侧夯土遗存边沿约 9 米，西侧距土垄外沿约 3 米			
周边现地用形式及相关人群数量		茶园使用，多为当地雇佣外地农人操作采摘，破坏性使用不存在			
现存城壕保护压力		墙体与现有水塘之间仍须建构缓冲保护设施，以便减少侵蚀危害，特别是未来须对瓮城根部进行专门保护，以免水浸			
现有规划或方案保护要求		墙体外侧培护、疏浚城壕、降低护城河水位、收缩现有水域面积、墙体植被系统景观设计、城壕外侧近水道路系统等			

卯 A1 位置

西瓮城外侧土垄茶田（1）

西瓮城外侧土垄茶田（2）

西瓮城外侧土垄茶田（3）

卯 A2	位置	瓮城南侧			土地权属
	重要性	大土垄与丁A段土垄之间壕			私用
本段城壕水面当前形制	长	170 米	宽	55 米	
海拔高程	河岸	18 米以上	水面	约 17 米	
水来源 自然积水	底部	约 16 米	水深	约 1.5 米	
城壕现地用形式	鱼塘				
城壕现留存状况	长条状，约 6700 平方米。态势清晰，轮廓明确				
驳岸地用及植被状况	东西两侧为平山茶场茶园				
城壕现有保护措施	未见实质性的护坡措施				
周围考古资源分布状况	大土垄、丁A段土垄				
城壕及墙体关系解析	土垄、城壕和丁段土垄之间位置清晰。卯 A2 东侧丁段直接“界河”，西侧则距离大土垄有着 5~15 米的距离				
周边现地用形式及相关人群数量	茶园使用，多为当地雇佣外地农人操作采摘，破坏性使用不存在				
现存城壕保护压力	墙体与现有水塘之间仍须建构缓冲保护设施，以便减少侵蚀危害				
现有规划或方案保护要求	墙体外侧培护、疏浚城壕、降低护城河水位、收缩现有水域面积、墙体植被系统景观设计、城壕外侧近水道路系统等				

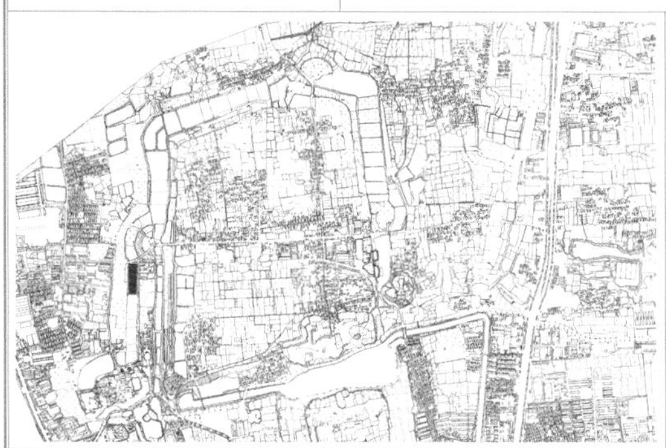

卯 A2 位置

卯 A2 水面现状

卯 A2 西侧瓮城南建筑区

由卯 A2 北侧南望栖灵塔

卯 A3	位置	瓮城南侧			土地权属
	重要性	大土垄与丁A之间壕			私用
本段城壕水面当前形制	长	171 米	宽	50 米	
海拔高程	河岸	18~19 米	水面	约 17 米	
水来源 自然积水	底部	约 16 米	水深	-	
城壕现地用形式	鱼塘				
城壕现留存状况	长条状，约 8600 平方米。态势清晰，轮廓明确				
驳岸地用及植被状况	东西两侧为平山茶场茶园				
城壕现有保护措施	未见实质性的护坡措施				
周围考古资源分布状况	大土垄、丁A				
城壕及墙体关系解析	土垄、城壕和丁A之间位置清晰。卯 A3 东侧丁段直接“界河”，西侧则距离大土垄有着 15~19 米的距离				
周边现地用形式及相关人群数量	茶园使用，多为当地雇佣外地农人操作采摘，破坏性使用不存在				
现存城壕保护压力	墙体与现有水塘之间仍须建构缓冲保护设施，以便减少侵蚀危害				
现有规划或方案保护要求	墙体外侧培护、疏浚城壕、降低护城河水位、收缩现有水域面积、墙体植被系统景观设计、城壕外侧近水道路系统等				

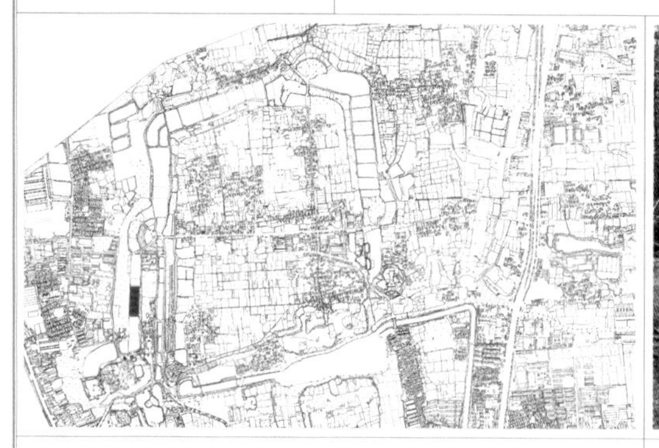

卯 A3 位置

土垄 - 城壕 - 南北向生土构筑物

卯 A4*	位置	瓮城南侧			土地权属
	重要性	大土垄与丁 A 段土垄之间壕			私用
本段城壕水面当前形制		长	100 米	宽	53 米
海拔高程		河岸	19 米以上	水面	约 18 米
水来源	自然积水	底部	约 16 米	水深	约 1.5 米
城壕现地用形式		鱼塘			
城壕现留存状况		长条状，约 4900 平方米。态势清晰，轮廓明确			
驳岸地用及植被状况		东侧为烈士陵园外墙，西侧为鉴真图书馆东墙外坡地			
城壕现有保护措施		未见实质性的护坡措施			
周围考古资源分布状况		大土垄、丁 A			
城壕及墙体关系解析		土垄、城壕和丁 A 之间位置清晰。卯 A4 东侧丁段直接“界河”，西侧则距离大土垄有着约 10 米的距离			
周边现地用形式及相关人群数量		地用已被规范。两侧园区内人口数量较少，参观者数量较少			
现存城壕保护压力		墙体与现有水塘之间仍须建构缓冲保护设施，以便减少侵蚀危害			
现有规划或方案保护要求		须在城壕构筑水景、墙体妥善处理、道路护坡安全与环境清洁之间寻找契合点			

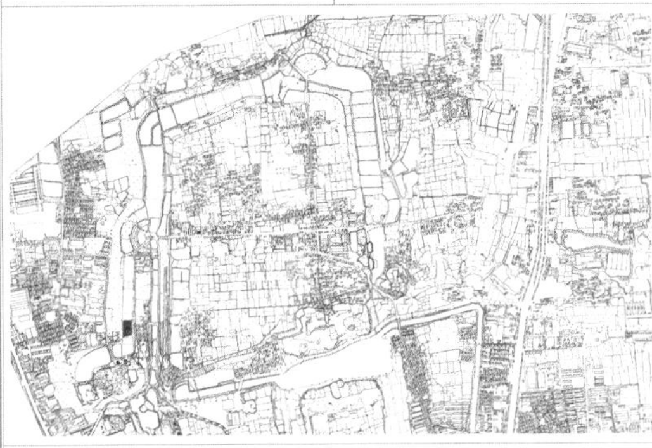

卯 A4 位置

鉴真学院东侧土垄边缘

鉴真学院东侧土垄与水面关系

烈士陵园西侧水面

* 卯 A5 开始已进入大明寺园区范围，水域高程数值与 A4 基本相同。

4.4 视域结构分析及视点索引

本次勘察基本按照两类视域形态进行调查：(1)试图在墙体、土垄等防御建构筑物上看城壕景观；(2)在城壕中看城壕水域景观。根据现有条件，采用实地拍摄景观并对比"可视性"(visibility)及高程分析的方法，试图提炼出较有特色的一些视觉感受区域(分解内容见视点索引图及各视点照片)。这些视角的共同特征是，它们不提供小的景观感受，但能够为解读遗址构造提供大的"视觉构架"，即在"线性视域"(单面垣壕尺度)中，能够切实感受"垣(坝)—壕—岸"(一类关系)、"垣(坝)—壕—垄—壕"(二类关系)、"垣(坝)—壕—瓮城—壕—垄"(三类关系)、"垣(坝)—壕—台(丁A)—壕—垄"(四类关系)、"垣(坝)—壕—瓮城—垄—壕"(五类关系)等几组空间构造关系的"结构性"视觉带(走廊)或视点。我们在一百多个具体视点拍摄的一千多个视图视域分析的基础上，筛选出一组具备结构性视域特征的"视点"。由这些视点出发，可看线性特征(城壕的首要尺度特征)，也可以感受结构关系。这些视域带内存在多个互补的视点，它们共同构成一组相关的遗址构造意象。在此以下的层级视域我们称之为"具体构造视域"，即相当于单体构筑物遗存乃至于构件的视域范围。"本方案"第二章、第三章已经对后面这些空间层级上的造景有详细阐述，兹不赘述。

A 系列视点：子城北墙外侧视域走廊

子城北墙外侧城壕现被人为构筑的晚期土堤分为南北两个部分，水域切割十分严重，南侧多为鱼塘或水生作物种植园区，而北侧则多为旱地农业种植区域。理论上，在子城城壕北侧岸上所能看到的只有子城墙体和城壕构成的"垣—壕"景观。但现有土垄往往阻隔南北。最高点为子城东北角，高程 22.75 米。东侧现有土垄边缘最低高程为 14.16 米。根据展示设计方案，水域高程约 13 米。则在东北城角，视觉高差将达到 10 米左右，即相当于仰视三层楼高的实体感受(参见 A 系列视点在子城东北角外侧的视点分解)。现有水域东西向视线由于土垄、丁魏路等南北向道路的存在，无法实现沟通，存在较多的视觉障碍，还无法从实体感受上明确唐子城北侧城壕的线性通透感。根据子城北侧多处墙垣现有护坡、土垄以及北侧岸边高程的对比，土垄南北两侧普遍存在着地势上的高程差异，北侧偏低，南侧偏高。在现有的条件下从北侧岸边南望子城北墙存在着很大的视觉障碍。沟通水域之后，在今丁魏路以西部分长线开阔流畅的线性水域(第一视域带)，与东侧湿地、绿洲岛链的景观差异迥然。

B 系列视点：宝祐城西墙外侧

宝祐城西墙外，从观音山向北一线，至瓮城一段，视野相对较窄，东侧墙体距离西华路较近，西侧则有深沟两侧墙体(宝祐城西墙和丁A)两部分的压抑感较强。南北视线截止至瓮城南侧为止。两侧视野上限即为两侧墙体(宝祐城西墙和丁A)顶部。视野内西侧沟渠外侧靠丁A处灌木、林木、杂草横生，视线受阻较为严重。这一段，由于沟渠形态较为狭窄，并不适合人在城壕内游览，只能做景观使用。故人行视点基本应包括两条线路，其一为西华路，属于"两山夹一沟"的地形，无论是观音山还是丁A均在海拔 20 米以上；而南侧城壕开口东侧的西华路路面海拔只有 10.76 米。行至北侧近瓮城处，由于西华路的抬升，导致西侧"山势"的压迫感减轻很多，但视域走廊仍限制在两侧墙体之内。丁A现在为烈士陵园，东侧为陡坡，多为树林植被覆盖，如作为视域走廊，则需要进行视野障碍的清除。在近瓮城南侧处有较多建筑占压，视域严重受阻，加之瓮城地势稍高，使得这一局部空间将南北视域走廊切分开来。进入西瓮城北侧的视域走廊，两侧的天然限制仍旧存在，西侧为南宋时期所筑大土垄，整体坡势较缓，岗上多为矮树、灌木。东侧视域走廊界限仍旧为宝祐城东墙。瓮城南侧西墙一线呈现出“一线天”的特征（第二视域带）。瓮城北侧宝祐城外城壕南端处于瓮城、大土垄、东墙三处汇合地段，视域内容比较丰富。根据土垄外侧调查结果，土垄顶部具有较好的视点位置。故在提供城壕两侧步行走廊的同时，土垄上部的走廊也应当作为视域走廊的重点。走廊北部南望，可以看到栖灵塔，但瓮城一带对视觉走廊构成一定阻碍，故北段南望的主要景观应为瓮城北侧景观。这一走廊的拐折处即为宝祐城西北角和对侧土垄制高点，高程最大处均为 26 米左右。由西北角向土垄一侧看“大土垄—城壕”景观背景中露出土垄后西侧和北侧的现代建构筑物。西瓮城外侧土垄北段，在勘察中存在视点缺失。主要原因在于局部区域植被种植过于密集。但从高程分析判断，这一区域（即从瓮城西北侧的土垄部位一直到北侧制高点应是向内看宝祐城、向外看城外的最佳视角），应是东西南北四方贯通的全视域视点，西城壕和北城壕的交汇点，其外侧由西向北转而向东或也是土垄外侧的类似城壕的潜在区域（即 2012 年《方案》中的辰段水域和小新塘低地），因此，这一区域是观看城壕的最佳视点之一（第三视域带）。

C 系列视点：西瓮城至丁 A 外侧

在土垄上道路近瓮城北侧地段可看到宝祐城内村落建筑屋顶（参见 C 系列视点分解图）。近瓮城处一段是观察“三重城”的最佳地点，最佳视点也包括瓮城上。这一区域是理解城壕形态的关键节点，既包括月河，也包括南望北望所能见到的宝祐城西城壕走廊（第四视域带）。

D 系列视点：宝祐城北墙外侧

宝祐城北墙外侧由大谈庄—陆庄左拐一线即为夯 9 的南缘地带（第五视域带）。这个视觉区域应在夯 9 中脊以南部分。其所关注的空间尺度构造包括两条城壕，即宝祐城东和宝祐城北两条主线。结构内容包括“垣（堧）—壕—瓮（壕）—垄”。在瓮城北侧一带也是重要的视域带（第六视域带）。这一视域带主要完成的是瓮城一线的视域结构勾连；具有较大潜力的视域立场在子城北墙西端外侧的子城城壕界隔土垄一带（第七视域带）。这个区域具备了解完整的遗址北部构造的潜力，即由外及内的“壕—垣—壕—垄—壕—瓮城—壕—垣”的可能性。现有的问题主要是视域内仍旧有大片房屋，局部或需要借助瞭望平台等工具进行遗址阐释。北侧大土垄由尹家桥北侧西行的部分具备认知瓮城以西宝祐城城壕线性空间特征的潜力（第八视域带），但现有建筑物过于密集，无法提供稳定的视域走廊。未来北瓮城本身就应该是最重要的北部视域带。

E 系列视点：宝祐城东墙外侧

宝祐城东墙外侧土垄是观察东城壕的最主要视域带（第九视域带）。南段靠近瓮城处是其最主要的地段。北侧由于林木茂密，视野始终无法打开，一直到大谈村西南侧才具备开朗的特征。和其他部分瓮城相似，东瓮城也可以构成东部打通视野、展示线性结构和具体构造的视域带。兹根据本次调查的内容，将全部视点所捕捉的可视性资料以图谱形态进行索引，并在此基础上整理出九个重要视域带，依据其展示条件成熟度用不同颜色进行区分。

4.5 视域结构分析结果

分析可得如下结果：

（1）土垄为阐释城壕线性空间结构特征的最佳走廊，尤其是其内侧部分。

（2）应尽量降低土垄内侧植被高度，减少建构筑物数量，彻底打通视野。

（3）应紧密结合条件成熟的三大瓮城，构筑线性中点视域平台。

A1
A2
A3
A4
A5
A6
A7
A8
A9
A10
A11~15
A16
A17
A18
A19
A20
A21
A22
A23
A24
A25
A26
A27
A28
A29

A 系列视点

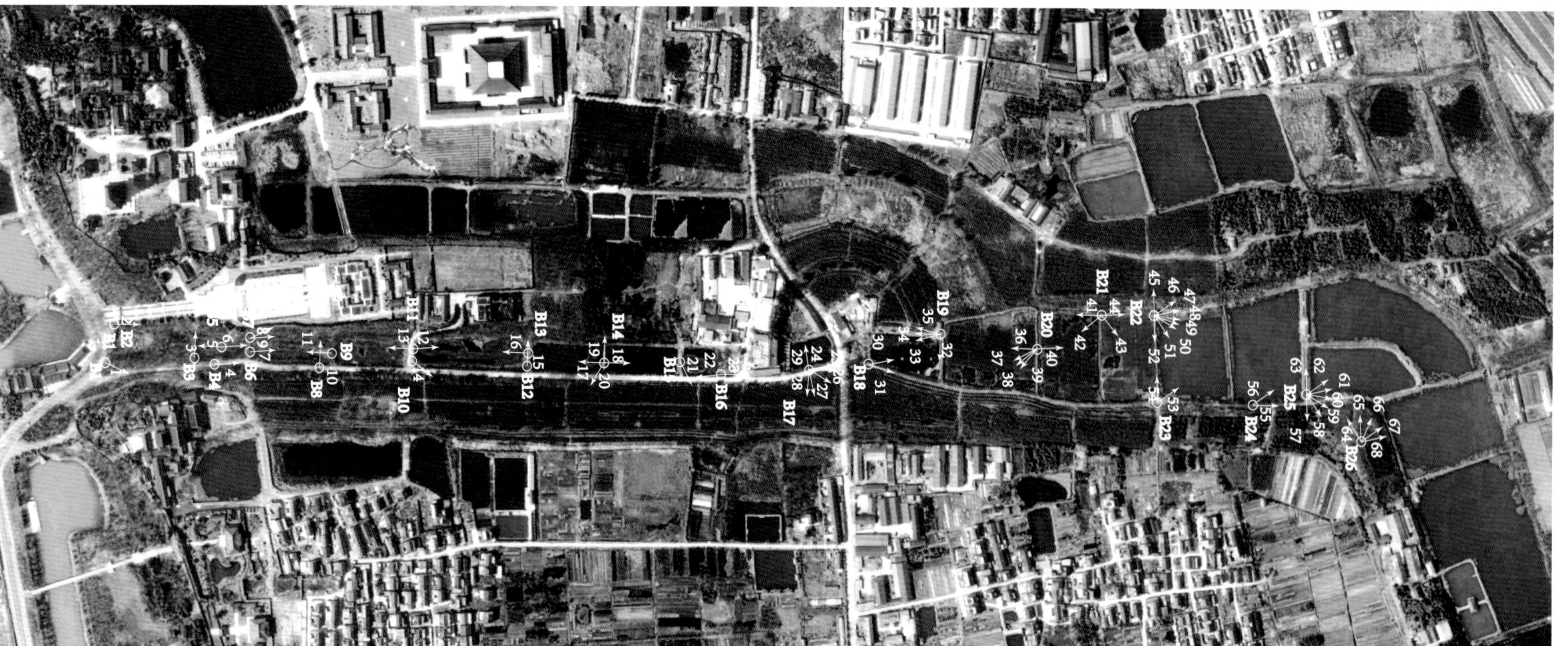
北
B1
B2
B3
B4
B6
B8
B9
B10
B11
B12
B13
B14
B16
B17
B18
B19
B20
B21
B22
B23
B24
B25
B26

B 系列视点

C 系列视点

D 系列视点

北

E1
E2
E3
E4
E5
E6
E7
E8
E9
E10
1
4
5
9
10
23
24
29
30
34
35
38
39
43
44
56
57
66
67
69

E 系列视点

四
六
五
九
二
七
八

A系列视点：子城北墙外侧视域走廊

13
14
15
16
17
18
19
20
21
22
23
24
25
26
27
28

29
30
31
32
33
34
35
36
37
38
39
40
41

B系列视点：宝城西墙外侧

13  14  15  16

17  18  19  20

21  22  23  24

25  26  27  28

29
30
31
32
33
34
35
36
37
38
39
40
41
42
43
44

45
46
47
48
49
50
51
52
53
54
55
56
57
58
59
60

61
62
63
64
65
66
67
68

C系列视点：西瓮城至丁A外侧

1 2 3 4 5 6 7 8 9 10 11 12

13
14
15
16
17
18
19
20
21
22
23
24
25
26
27
28

29
30
31
32
33
34
35
36
37
38
39
40
41
42

D系列视点：宝城北墙外侧

1

2

3

4

5

6

7

8

9

10

11

12

13
14
15
16
17
18
19
20
21
22
23
24
25
26
27
28

29
30
31
32
33
34
35
36
37
38
39
40
41
42
43
44

45

46

47

48

49

50

51

52

53

54

55

56

57

58

59

60

61
62
63
64
65
66
67
68
69
70
71
72
73
74
75

77

78

79

80

81

82

83

84

85

86

87

88

89

90

91

92

93 94 95 96
97 98 99 100
101 102 103 104
105 106 107 108

109
110
111
112
113
114
115
116
117
118
119
120
121
122
123
124

125
126
127
128
129
130
131
132
133
134
135
136
137
138
139
140

141
142
143
144
145
146
147
148
149
150
151
152
153
154
155
156

157
158
159
160
161
162
163
164
165
166
167
168
169
170
171
172

173
174
175
176
177
178
179
180
181
182
183
184
185
186
187
188

189
190
193
194

191

192

E系列视点：宝城东侧

14
15
16
17
18
19
20
21
22
23
24
25
26
27
28

29
30
31
32
33
34
35
36
37
38
39
40
41
42
43
44

45
46
47
48
49
50
51
52
53
54
55
56
57
58
59
60

参考文献

1. 不断促进实践创新 努力传承中华文化——用习总书记讲话精神推动陕西文化事业发展 . 中国文物报，2015.03.04.

2. 中国社会科学院考古研究所 . 清华大学建筑学院 . 扬州城国家考古遗址公园——唐子城・宋宝城城垣及护城河保护展示概念性设计方案〔文物保函（2012）1291〕.

3. 扬州唐城遗址博物馆 . 扬州唐城遗址文物保管所 . 扬州唐城考古与研究资料选编 . 2009 年（内部资料）.

4. 扬州市人民政府 . 蜀岗—瘦西湖风景名胜区总体规划，1996 年 .

5.（清）李斗 . 扬州画舫录 . 北京：中华书局，2007.

6. 中国社会科学院考古研究所，南京博物馆，扬州市文物研究所 . 扬州城——1987 ~ 1998 年考古发掘报告 . 北京：文物出版社，2005.

7. 东南大学 . 全国重点文物保护单位——扬州城遗址（隋至宋）保护规划，2011.

8.（清）赵之壁 . 平山堂图志 . 北京：中国书店出版社，2012.

9.（明）朱怀干，盛仪 . 嘉靖惟杨志 . 扬州：广陵书社，2013.

10.（清）阿克当阿修，姚文田编 . 重修扬州府志 . 扬州：广陵书社，2006.

11. 扬州蜀岗—瘦西湖风景名胜区管理委员会，扬州市文物局 . 唐子城护城河保护整治项目申请书，2011.

12. 中国社会科学院考古研究所，南京博物馆，扬州市文物考古研究所 . 扬州城——1999 ~ 2013 年考古发掘报告 . 北京：科学出版社，2015.

13.（宋）王象之 . 舆地纪胜 . 北京：中华书局，1992.

后　记

本丛书的编写得益于多个单位及同志的通力支持与全力协作：扬州市文物局顾风、冬冰、华德荣、徐国兵、樊余祥、朱明松、郭果，扬州市文物考古研究所束家平、王小迎、池军、张兆伟，扬州城大遗址保护中心匡朝辉、余国江，中国社会科学院考古研究所蒋忠义、汪勃、王睿、刘建国，清华大学建筑学院张能，以及姚雪。在研究及出版过程中，他们在资料、信息、绘图、编辑、设计等多个方面给予了我们无私的帮助，我们在这里对这些朋友表示衷心的感谢！

作者于北京

2016 年 11 月

图书在版编目（CIP）数据

扬州城国家考古遗址公园——唐子城·宋宝城护城河 / 王学荣等著.
北京：中国建筑工业出版社，2016.11
（国家重要文化遗产地保护规划档案丛书）
ISBN 978-7-112-20180-8

Ⅰ.①扬… Ⅱ.①王… Ⅲ.①古城遗址(考古)—保护—城市规划—扬州
Ⅳ.①TU984.253.3

中国版本图书馆CIP数据核字(2016)第316284号

2012年以来，作者采用资源空间分析和认知的理论与方法，先后对江苏扬州城遗址等“国家重要文化遗产保护项目”开展了保护和展示研究，形成了一批重要成果，同时研究方法具有一定的示范和推广意义。本丛书侧重于方法论的探索与研究，筛选部分大遗址保护成果案例，使之成为当前及今后一定时期我国大遗址保护展示研究与方法的示范。

本书主要内容是关于扬州城国家考古遗址公园中唐子城、宋宝城历史护城河遗迹保护与展示的概念性设计方案。该方案系根据2012年中国社会科学院、清华大学建筑学院共同完成的《扬州城国家考古遗址公园——唐子城·宋宝城城垣及护城河保护展示总则》（出版名称）的主导思想完成的。其主要内容涵盖了对扬州蜀岗上唐子城、宋宝城历史城壕遗存的结构分析、保存状况评估、保护与展示方案设计、护城河调查与勘测资料等。书中较为详细地论述了护城河遗存保护与展示的基本原理。同时，也在唐子城·宋宝城完全以公园形态出现之前，留下了一批较为重要的资料。它真实记录了蜀岗古城遗址向国家考古遗址公园转化的第一阶段。

责任编辑：徐晓飞　张　明
书籍设计：1802工作室
责任校对：焦　乐　李欣慰

国家重要文化遗产地保护规划档案丛书

扬州城国家考古遗址公园
唐子城·宋宝城护城河

王学荣　武廷海　王刃馀　郭　湧　著
*
中国建筑工业出版社出版、发行（北京海淀三里河路9号）
各地新华书店、建筑书店经销
北京雅昌艺术印刷有限公司制版印刷
*
开本：787×1092毫米　横1/8　印张：23½　插页：1　字数：395千字
2016年12月第一版　2016年12月第一次印刷
定价：198.00元
ISBN 978-7-112-20180-8
（29643）